Nikon
D600

数码创意　编著

数码单反相机 完全剖析手册

U0364223

浙江摄影出版社

内容简介

　　本书全面介绍Nikon数码单反相机D600的性能特点，并对相应功能设置与参数含义进行了详尽的说明，指导读者充分利用该相机进行摄影创作。本书第一章讲述了Nikon D600的新功能；第二章为Nikon D600相机各部件名称作全面详解；第三章对相机菜单作了一个比说明书更加详细的分析与解剖；第四章对适合Nikon D600适用的17支镜头进行了全面分析；第五章对风景、人像等摄影题材进行实例解析；第六章主要介绍Nikon D600的一些配件及相机的保养知识。本书为Nikon D600用户量身定做，用平实简练的语言讲述较为复杂的专业原理，对曝光、测光、构图等摄影原理，以及其他专业摄影技巧作了详尽的说明，对迅速提高摄影爱好者的摄影技术有很大帮助。

·PREFACE

前 言

　　时代的进步，科技的发展，数码产品的不断升级与更新，使得摄影书籍也随之不断更新，《Nikon D600 数码单反相机完全剖析手册》就是这个数码单反时代的产物。本书讲解了Nikon D600 数码单反相机说明书中没有讲解清楚的操作及菜单设定技巧，并将相机操控与实际拍摄相结合，让读者直观地看到不同设置所产生的不同效果。

　　时代的进步成就了Nikon D600 这类新型相机，让钟爱摄影的朋友又多了一份选择，Nikon D600 绝对是很强悍的全画幅数码单反相机。它为我们带来的激情与动力是不可小觑的，作为最轻、最紧凑的Nikon全画幅数码单反相机，它提供了出色的清晰度和图像质量，将您的想象力化成令人惊艳的静止图像和壮观动画，绝对是您梦寐以求的专业摄影器材。

　　本书详细讲解了Nikon D600拥有多种功能及高效表现，拍摄从风景到静态人像的多种场景，拥有2426万有效像素，FX格式图像传感器，高速EXPEED3图像处理器，ISO范围由100至6400。此外，全高清动画录制带来真实的影院体验。Nikon D600给您带来更大的灵活性和机动性，为您创造更锐利清晰的影像、提升摄影水平提供了便利。您可以从这本书中获取最为实际且实用的拍摄技巧和对相机的完全解读。

　　在您手持Nikon D600 的时候，会发觉同时拥有这样一本针对性强的完全剖析手册是一个相当不错的选择。不管是对菜单的设定还是对镜头的选择，抑或是实际拍摄时的操作，都是很有帮助的。本书高质量的图片加之精准的文字叙述，都会使您对阅读产生浓厚的兴趣，在玩转手中的Nikon D600 时，我们的书籍会给您带去有益的帮助。

CONTENTS
目 录

01 | Nikon D600 相机性能

03 全面分析 Nikon D600 菜单

02 认识 Nikon D600

04 与Nikon D600
适配的优质镜头

AF-S Nikkor 14~24mm F2.8G ED
极高素质的超广角大光圈镜皇 92

05 Nikon D600 实例解析

06 Nikon D600 配件及保养

Chapter 01

Nikon D600
相机性能

39点自动对焦系统

f/8 时中央7个对焦点可用

拥有EXPEED 3影像处理器

D600机身小巧、轻便、坚固耐用

D600画质大检阅

挑战2426万像素影像画质

Nikon
D600
数码单反相机完全剖析手册

Nikon FX格式CMOS传感器，最大限度地发挥高像素的优势

　　Nikon FX格式CMOS传感器（35.9 × 24.0毫米），有效像素2426万，ISO100至6400的感光度范围（可扩展到ISO 50到25600等效）提供稳定的高品质影像。您可欣赏FX格式提供的大尺寸美丽焦外成像效果以及14位A/D转换和高信噪比提供色调丰富、噪点低的影像。这些功能结合其高分辨率，实现高品质影像，便于放大或后期裁剪。尼克尔镜头提供卓越的光学性能，最大限度地发挥了这种高分辨率的优势。FX镜头的庞大产品群使得各种各样的影像表达成为可能。在动画拍摄过程中，2426万像素带来的大量数据生成高清晰度的全高清动画。

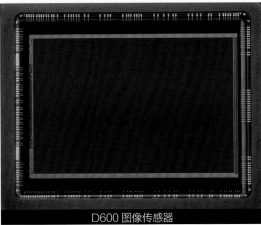

D600 图像传感器

包括图像传感器清洁功能的尼康综合除尘系统

　　Nikon D600具有图像传感器清洁功能，以4种不同的共振频率振动低通滤镜以减少灰尘。可设置成在相机开机或关机时自动运行此功能，也可通过菜单手动运行此功能。此外，尼康还采用各种其他的防护措施来防止灰尘破坏影像，如在机身组装前运转某些零件，以免装入相机内后散落灰尘，以及使用另购的软件减少或删除污点。

未开启D600图像传感器清洁功能拍摄的画面效果。

开启D600传感器清洁功能拍摄的画面效果。

ISO感光度常用范围为ISO 100至6400，可处理各种亮度环境

D600的ISO感光度（适用于尼康的各种严峻的测试条件），在正常设置下，范围宽达ISO 100至6400。在恶劣的照明条件下，可扩展到ISO 50 (Lo 1)或ISO 25600 (Hi 2)等效。D600的FX格式CMOS传感器适用于各种照明条件，如正午刺目的眩光，黄昏时微弱的光线以及光线昏暗的室内和夜间场景。此外，在高ISO设置下，即使是低对比度的主体，也可准确保留其纹理，其卓越的降噪功能可尽可能地保持高分辨率。这种出色的高ISO感光度性能，即使在短片拍摄过程中也十分有效。

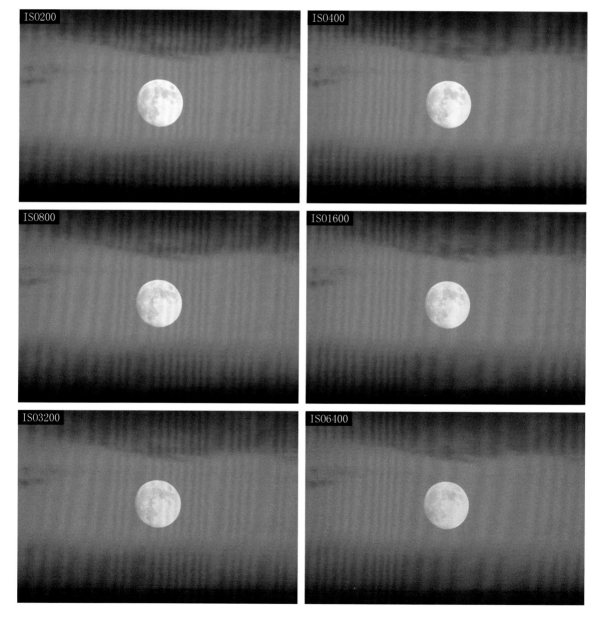

D600拥有EXPEED 3影像处理器，实现了卓越的高速处理性能

和D4、D800系列一样，D600采用图像处理器EXPEED 3（针对数码SLR优化），高速处理2426万有效像素的数据。在高感光度时，D600的EXPEED 3在色彩还原、层次处理和影像质量方面表现极佳。它减少色相平移且更忠实地再现了人物皮肤的色调。动态D-Lighting中的色彩还原也得到改善。此外，从影像处理到SD卡记录再到影像播放和影像传输，EXPEED 3高速处理大量数据，即使使用专门的处理功能，如动态D-Lighting和高ISO降噪，连拍速度也不受影响，且对连拍模式下拍摄张数的影响最小。EXPEED 3支持1920×1080；30p的全高清数码短片。即使在高ISO设置下，使用针对短片设计的降噪功能可拍摄噪点极少且高分辨率的短片。

静止图像丰富的细节，画质看上去很细腻。

14位A/D转换和16位图像处理带来丰富的色调和自然的色彩

色调过渡决定了图像是否能从简单表现生活到获得自我生命力。这正是D600所擅长的，其尖端的图像处理可为图像注入充沛的活力。经D600渲染的黑色将呈现漆黑，阴影细节精致且丰富。在严苛的高对比度光线下，某些照相机会力不从心，但在这种情况下，D600的过渡仍能保持平滑并具备丰富的细节和色调，覆盖上至纯白色的全部色调区域。

色调丰富的自然风光照片，色彩细腻，层次丰富。

横向色差减少功能/自动失真控制/暗角控制，即使在周边区域，仍支持清晰的分辨率

不同于其他简单的消除色差的方法，尼康的横向色差减少功能纠正了各颜色分辨尺度中的差异。不管是否使用尼康镜头，都证明这对减少画幅边缘的影像失真以及提高

整个画幅的影像质量特别有效。

如果将"自动失真控制"设置为"开启"，当使用G或D型镜头时（不包括PC、鱼眼等镜头），可纠正广角镜头产生的桶形畸变或

远摄镜头产生的枕形畸变。此外，它采用"暗角控制"（不包括DX和PC镜头）减少镜头特性造成的照片边缘亮度下降。

减少横向色差

使 用

未使用

FX和DX格式以每秒约5.5帧的速度高速连拍多达100张，捕捉决定性时刻

D600采用独有的驱动机制，镜片独立驱动，实现了高速的性能。加上图像处理器EXPEED 3的速度得到提高，FX和DX格式连拍的速度高达约每秒5.5帧（按照CIPA标准），拍摄张数多达100张

〔JPEG，不包括FX格式中的精细/大（最多57张）〕。使用动态区域AF，您可更准确地捕捉移动中主体的决定性时刻。启动时间仅约0.13秒且释放时滞约0.052秒，这接近于D4的约0.042秒。快门释放按钮

和电源开关同轴设置，从打开相机到释放快门非常顺畅，且握把的形状不影响手指操作。所有这一切都有助于快速且舒适的拍摄，帮助您捕捉意想不到的拍摄机会。

SD记忆卡插槽兼容高速SDXC UHS-I标准

D600支持SDXC UHS-I标准。结合图像处理器EXPEED 3的提升速度，高速处理和写入2426万像素的影像数据。在高速连拍中，可拍摄的张数为JPEG格式100张〔不包括FX格式中的JPEG（精细/大）（最多57张）〕，RAW格式（无损压缩/14位）16张。此外，支持Eye-Fi卡（市售），拍摄的影像可从相机无线传输到电脑中。而且，提供各种拍摄选项——"溢出"、"备份"

和"RAW优先，JPEG其次"，方便您将RAW数据和JPEG数据分别记录到各个卡中。更重要的是，您可将影像在两种记忆卡之间复制。此外，拍摄D-Movie短片时，可根据剩余容量选择插槽。

采用8 GB SanDisk SDHC UHS-I卡(SDSDXPA-008G-J35)，在尼康建立的测试条件下，该值可能会因拍摄条件不同而有所不同。在ISO 100，存储缓存器中可存储最大的曝光数量。如果为了

JPEG压缩选择最佳质量，ISO感光度设置为Hi 0.3或更高，或者长时间曝光降噪或自动失真控制打开，该值可能下降。

节能设计

高效的电源电路，高效节能的EXPEED 3和其他功能减少D600的能耗。它和D800系列、D7000一样，采用EN-EL15充电锂离子电池。EN-EL15充电锂子电池充

电一次可拍摄约900张（按照CIPA标准）静态照片。EN-EL15、EH-5b变压器（配合EP-5B电源连接器）和MB-D14多功能电池匣可用作电源。

2016像素RGB传感器提高了场景识别系统的准确度

　　场景识别系统准确识别主体的情况，并启动高度精确的自动控制。在拍摄前，D600利用2016像素RGB传感器和图像传感器的信息，精确地分析主体的情况，包括亮度和颜色，并应用到自动对焦、自动曝光、i-TTL闪光和自动白平衡控制。特别是在使用取景器进行相位侦测自动对焦时，主体识别提高自动区域AF的准确度，而主体追踪提高3D追踪的准确度。此外，在即时取景或短片拍摄过程中，利用图像传感器的脸部检测信息可使用脸部优先AF。静态照片中人脸放大播放时，可放大人脸以便容易确认焦点。

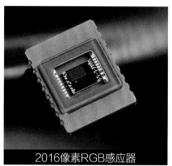

2016像素RGB感应器

高级场景识别系统

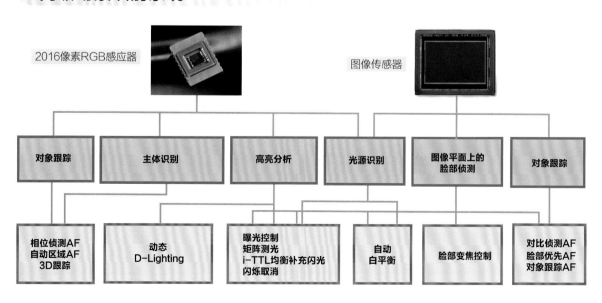

2016像素RGB感应器

图像传感器

对象跟踪	主体识别	高亮分析	光源识别	图像平面上的脸部侦测	对象跟踪
相位侦测AF 自动区域AF 3D跟踪	动态 D-Lighting	曝光控制 矩阵测光 i-TTL均衡补充闪光 闪烁取消	自动 白平衡	脸部变焦控制	对比侦测AF 脸部优先AF 对象跟踪AF

自动曝光控制

2016像素RGB感光器准确检测画幅内的明暗。它计算最佳曝光以提供更准确的自动曝光控制和i-TTL平衡填充式闪光。

2016像素RGB感光器提供准确的自动曝光控制。

i-TTL平衡填充式闪光。

准确支持各种光源的自动白平衡

D600在拍摄前利用场景识别系统检测拍摄场景的颜色和亮度，并参考收集的大量相机内拍摄数据高度准确地识别光源。自动1（正常）的常规设置补偿照明颜色，此外，D600允许您设置另一个自动白平衡模式自动2（保持照明暖色），当您在白炽灯下拍摄时，它保持温暖的照明氛围。如果以RAW拍摄影像，不管采用什么拍摄设置，使用D600内置修饰菜单的NEF (RAW)处理，这些模式都适用。

自动1（正常）

自动2（照明保持暖色）

39点自动对焦系统，f/8时中央7个对焦点可用，卓越的主体捕捉性能

　　D600采用Multi-CAM 4800自动对焦感光器模块。39个焦点精确捕捉和追踪主体。9个十字形感光器覆盖最常使用的中心区域，f/8时中央7个对焦点可用（中央5个，中线左右各1个）。使用1.4倍或1.7倍增距镜，能够轻松对焦，并且，2倍增距镜配合f/4最大光圈的远摄镜头，即使有效光圈为f/8，也能实现精确对焦。对于以高放大倍率进行远距离拍摄，例如拍摄野生鸟类或火车，自动对焦的拍摄非常舒适。自动对焦区域可选择单点AF、动态区域AF（9点、21点、39点）、3D追踪和自动区域AF。D600利用2016像素RGB感光器的场景识别系统可识别较小的主体，展示更高的主体追踪和主体识别性能。此外，可使用自定义设置选择11点选项，这种快速选择焦点的方法非常方便。

D600采用高级Multi-CAM 4800自动对焦感光器模块，非常先进，大大提升了相机的对焦能力

D600 + AF-S增距镜TC-20E III + AF-S 200~400mm F4G ED VR II

选择焦点的4种情况

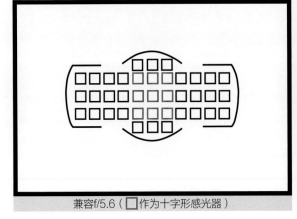

兼容f/5.6（ ☐ 作为十字形感光器）

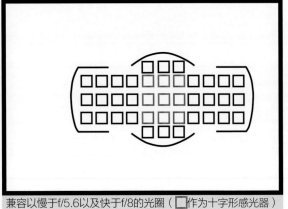

兼容以慢于f/5.6以及快于f/8的光圈（ ☐ 作为十字形感光器）

兼容f/8（ ☐ 作为十字形感光器）

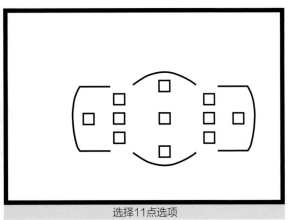

选择11点选项

单点自动对焦模式

相机仅以选定的焦点对焦主体。相机只会针对我们设定的对焦点运作，主体一旦离开此对焦点，焦点就会转移位置。这最适合拍摄静态主体，例如，在人物肖像中对焦主体的眼睛。

单点自动对焦模式

动态区域自动对焦模式

适合移动中的主体。如果主体离开选定的焦点，相机将根据周围焦点的信息进行对焦。动态区域自动对焦方便您选择9、21或39点。在各个模式下，选定的自动对焦点和周围点覆盖区域非常广，加上自动对焦模式的AF-C（连续伺服自动对焦），对主体保持清晰对焦。

动态区域自动对焦模式（9点）

9点	当有时间构图或者主体的移动是可预知的且使用选定的焦点很容易对焦时使用
21点	适合随机且不可预知的移动主体
39点	适用于当拍摄的主体快速移动且使用选定焦点不容易对焦时使用

3D追踪模式

相机使用所有39点追踪主体。这对于拍摄移动的主体非常理想。当快门释放键按下一半时，一旦使用选定的焦点对焦主体，相机根据主体的移动自动在焦点之间平衡，始终追踪主体。通过利用场景识别系统的主体追踪功能，D600利用选定的焦点追踪主体，并识别主体颜色和亮度的精确模式，从而获得高度准确且稳定的主体追踪。

3D跟踪拍摄示例图

3D跟踪拍摄，焦点在画面右上角。

3D跟踪拍摄，焦点在画面中心。

3D跟踪拍摄，焦点在画面左上角。

自动区域AF模式

相机使用所有39点自动识别并对焦主体。使用G或D型AF尼克尔镜头，D600可区分前景和背景，并通过识别人的肤色检测人的位置，以提高对主体捕捉的准确性。

自动区域AF模式

新开发的玻璃五棱镜光学取景器，画幅范围约100%，具有网格线显示

D600的光学取景器提供约100%的画幅覆盖率，能够确认FX格式的整个大影像区域以精确构图。且约0.7倍（50mm F1.4镜头）的放大倍率可以轻松地查看所有视觉元素，包括取景器信息显示。画幅覆盖率和放大倍率与D4和D3系列相同，使用D600作为子相机拍摄非常舒适。此外，可随意在取景器中设置网格线（FX格式），在拍摄风景或建筑时，这种功能非常利于构图。

五棱镜

约92万分辨率、宽视角、3.2英寸 LCD显示屏，配有强化玻璃

　　D600具有宽视角、3.2英寸、约92万分辨率、高解析度显示屏，配有强化玻璃，玻璃和面板一体化设计减少反光以提供清晰的能见度。与传统型号相比，色彩还原范围进一步扩大。影像放大播放能力高达38倍（FX格式），对于快速准确地确认焦点非常有用。此外，D600采用环境亮度感光器，如果显示屏亮度设置为"自动"，当显示屏打开时，相机根据环境照明情况自动调整LCD亮度，便于即时取景或影像确认。

LCD 显示器中的玻璃和面板结构一体化，有助于提供更清晰的影像

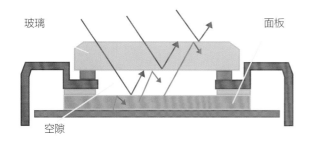

D700
玻璃和面板之间的空气间隙导致各部件表面形成光反射，造成部分光损失

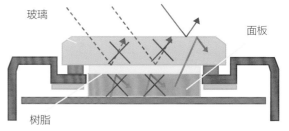

D600（与D4和D800系列相当）
玻璃和面板的结构一体化，减少了表面反射，大大降低了光损失

虚拟水平可检测左右和前后倾斜度

使用D600，您可以始终通过查看LCD显示屏或取景器来确认照相机相对于水平面的位置及其倾斜度（向前或向后旋转）。这可以增强构图精度，在拍摄静物、风景和建筑物时尤其有效。

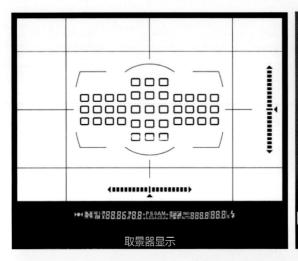

取景器显示

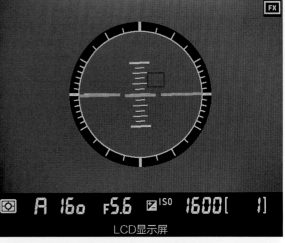

LCD显示屏

利用相机内置的虚拟水平装置检测拍摄的九寨沟湖面风光。

机身小巧、轻便——
现有尼康FX格式型号中最小最轻

传承D4和D800系列的规格和功能，D600成为尼康FX格式型号中最小且最轻的相机（截至2012年9月13日）。许多细节得到全面改善，如通过一个组件承担多种功能、检查各种零件的空间效率、围绕五棱镜优化设计并采用较小的AF感光器模块，来减少组件数量。所有这些因素帮助实现具有卓越灵活性的小巧、轻便机身。

型号	尺寸（宽 x 高 x 厚）/mm	重量①/g	重量②/g
D600 (FX)	约141 x 113 x 82	约850	约760
D4 (FX)	约160 x 156.5 x 90.5	约1340	约1180
D800系列(FX)	约146 x 123 x 81.5	约1000	约900
D7000 (DX)	约132 x 105 x 77	约780	约690

① 包括电池和记忆卡，不包括机身盖。
② 仅机身。

轻质、结构坚固的机身，采用镁合金，防尘且耐潮

D600的顶盖和后盖采用镁合金。尽管机身小巧、轻便，它具有高度的稳定性和耐潮性。此外，机身的各点有效密封，达到了与D800相似的卓越的防尘和耐潮性能。

快门释放按钮和电源开关人体工程学

小巧机身的快门按钮轴适当倾斜，确保手指操作自然，从而提高了可操作性。电源开关设计成平的，以便不影响快门释放操作。并且电源开关和机身表面之间没有高度差，便于手指轻松持握。握槽上部的红色接口采用成型材料，保证拨盘操作顺畅。短片拍摄按钮靠近快门释放按钮，手指只需稍稍移动即可从短片即时取景开始短片拍摄，从而保持相机稳定，以防止抖动。

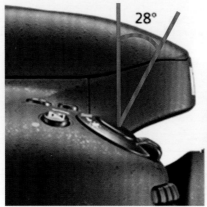

改进的握槽握持

尽管机身小巧且轻便，握槽更深且垂直方向更长，实现了稳定的握持。此外，拇指休息槽采用橡胶材料，优化了设计并确保稳定的握持。这些细节的改进，尽可能地做到确保每个人都能舒适地握持。

防尘、耐用的接口盖

耳机接口、USB连接器、配件接口分为三部分，以确保各接口部分的除尘和耐潮性能。

适合竖直拍摄的底部图案

D600机身底部采用防滑图案设计，使用三脚架竖直拍摄时，握持更稳定。

高度耐用且精确的快门装置，经测试可使用多达150000次

D600采用高速且高精度的顺序控制机制，独立驱动快门、反光镜和光圈。使用快门装置和准确加载的驱动机制，经测试，快门可使用多达150000次，证明它极高的耐用性。此外，它还采用自我诊断装置，以保持高度的精确性。快门显示器不断检查和检测设置或控制的快门速度与实际速度之间的变化，以便获得高度准确的快门控制以及最小的差异。

安静快门释放模式

当您想确保拍摄时反光镜移动声音更小，安静快门释放模式非常适用。对于单张拍摄，当完全按下快门释放按钮时，安静快门释放模式比单幅拍摄模式的声音更小。简单地在释放模式拨盘中选择"Q"，即可顺利地在单张拍摄模式和安静快门释放模式之间切换。在诸如仪式、学校演出等场合以及拍摄野生动物、昆虫或熟睡的孩子时，这种功能非常方便、实用。

MB-D14多功能电池匣，可顺畅地进行竖直拍摄

MB-D14多功能电池匣（专门为D600设计）支持两种电池（一块EN-EL15充电锂离子电池和6枚R6/AA碱性、Ni-MH或锂电池）和EH-5b变压器（配合EP-5B电源连接器）。当D600和MB-D14都装入EN-EL15时，两者之间可实现无缝供电切换，使用户能拍摄约两倍于单独使用D600电池的影像。摄影师可放心地全身心专注于拍摄，无须担心电池耗尽。此外，MB-D14多功能电池匣包括竖拍控制器、快门释放按钮、快门释放按钮锁柄、AE-L/AF-L按钮、多重选择器和主/副指令拨盘。外部采用镁合金。

前

后

MB-D14多功能电池匣连接D600时

每次充电可拍张数（根据CIPA标准）

电池		每次充电拍摄张数
相机机身	MB-D14	
EN-EL15	–	约900张
–	EN-EL15	约900张
–	AA碱性电池	约450张
EN-EL15	EN-EL15	约1800张
EN-EL15	AA碱性电池	约1350张

WU-1b无线移动适配器,可远程拍摄并传送影像到智能设备

　　通过连接另购的WU-1b无线移动适配器到D600的USB接口,相机与诸如智能手机、平板电脑等具有内置无线通信功能的智能设备之间可进行双向通信。使用远程拍摄功能远程释放相机的快门,可使用智能设备的显示屏作为即时取景显示,并从最佳角度进行拍摄。拍摄的影像可无线传输,且您可使用各种应用程序轻松地上传到SNS或附在邮件中。WU-1b兼容使用(Android)安卓系统的智能设备。

　　注:此功能使用前要求智能设备安装Wireless Mobile Adapter Utility(可免费从Google Play下载)。

WU-1b无线移动适配器

智能设备(以上是Android设备的图示)

　　Wireless Mobile Adapter Utility是能够通过连接WU-1b无线移动适配器,从相机中下载影像到智能设备或通过智能设备操作相机拍摄影像的软件。

　　支持Android OS 2.3系列(智能手机)和Android OS 3.x系列(平板电脑)。

　　注:可从Google Play(免费)下载。

D600兼容的CPU镜头

什么是"CPU镜头"

尼康比较爱用"CPU镜头"。

简单地讲，尼康把能够通过触点与机身交流信息的镜头称作CPU镜头。

早先的CPU镜头以D型镜头为代表。D型镜头: Distance 焦点距离数据传递技术。

后来演进出G型镜头，取消了光圈环。

CPU镜头能够实现比较先进的测光和自动对焦功能，早先镜头当中集成了简单的芯片，现今的镜头芯片更加复杂且科技含量高。

尼康D型以及G型镜头是内置CPU的镜头，可以配合最新的Nikon单反相机进行多种数据交换，从而进行高级的测光、测距、精准白平衡调节以及TTL闪光技术。

G型镜头

D型镜头

兼容的CPU镜头与非CPU镜头

镜头/附件	兼容的CPU镜头							
	相机设置							
	对焦			模式			测光	
	AF	M（带电子测距仪）	M	P S	A M		3D	Color
G型/D型 AF Nikkor AF-S, AF-I Nikkor2	√	√	√	√	√		√	–	√③
PC-E Nikkor系列		√⑤	√	√⑤	√⑤		√⑤	–	√③
PC Micro 85mm F2.8D4	–	√⑤	√	–	√⑥		√	–	√③
AF-S/AF-I teleconverter7	√	√⑧	√	√	√		√	√	√③
其他 AF Nikkor（F3AF的镜头除外）	√	√⑨	√	√	√		–	√	√③
AI-P Nikkor	–	√⑩	√	√	√		–	√	√③

①不能使用IX-Nikkor镜头。
②VR镜头具有防抖（VR）功能。
③点测光测量选取焦点。
④当使用偏移和/或倾斜镜头时，或当使用最大光圈以外的光圈时，相机的曝光测光和闪光灯控制系统无法正常工作。
⑤不能用于偏移或倾斜。
⑥仅限手动曝光模式。

⑦只能用于AF-S和AF-I镜头。
⑧使用f/5.6的最大有效光圈或更快光圈。
⑨当AF 80~200mm F2.8、AF 35~70mm F2.8、AF 28~85mm F3.5-4.5（新款）或AF 28~85mm F3.5-4.5镜头以其最大变焦在最近焦距处对焦时，即使取景器中的影像不清晰也可能会显示对焦指示器。请手动调整对焦直到影像在取景器中清楚显示。
⑩使用f/5.6的最大光圈或更快光圈。

小贴士

PF-4 Reprocopy Outfit需要PA-4相机支架。
当ISO感光度超过6400，使用AF-S Zoom Nikkor 24~85 mm F3.5-4.5G（IF）镜头拍摄可能会出现水平线形式的噪点；使用手动对焦或对焦锁。

兼容的非CPU镜头							
镜头/附件	相机设置						
	对焦		模式			测光	
	自动对焦	M（带电子测距仪）	M	P S	A M	3D	Color
AI-、AI改良的、Nikkor 或 Nikon E 系列镜头2	–	√⑤	√	–	√	√	√⑬
Medical-Nikkor 120mm F4	–	√	√	–	√⑤	–	–
Reflex-Nikkor	–	–	√	–	√⑥	–	√⑬
PC-Nikkor	–	√⑥	√	–	√	√	√
AI-type Teleconverter3	–	√⑦	√	–	√	√	√⑬
Bellows Focusing Attachment PB-6④	–	√⑦	√	–	√	–	√
Auto extension rings (PK-series 11A, 12, or 13; PN-11)	–	√⑦	√	–	√	–	√

①某些镜头不能使用。
②AI 80~200mm F2.8 ED三脚架安装的旋转范围受相机机身的限制。当相机上安装有AI 200～400mm F4 ED时，无法对焦。
③当使用AI 28~85mm F3.5-4.5、AI 35~105mm F3.5-4.5、AI 35~135mm F3.5-4.5或AF-S 80~200mm F2.8D时需要曝光补偿。
④需要PK-12 或 PK-13自动延伸环。根据相机方向而定，可能需要PB-6D伸缩镜筒分隔器。
⑤使用f/5.6的最大光圈或更快光圈。
⑥不能用于偏移或倾斜。
⑦使用f/5.6的最大有效光圈或更快光圈。
⑧如果根据非CPU镜头数据指定了最大光圈，取景器及控制面板中会

显示光圈值。
⑨可用于手动曝光模式下以低于闪光同步速度一步或更多的快门速度使用。
⑩曝光量由预置的镜头光圈确定。在光圈优先自动曝光模式中，预置光圈在执行AE锁定或偏移镜头前使用镜头光圈环。在手动曝光模式中，预置光圈在偏移镜头前使用镜头光圈环并确定曝光量。
⑪使用预置光圈。在光圈优先自动曝光模式中，在确定曝光量并拍摄前使用对焦配件设置光圈。
⑫仅在使用非CPU在数据指定了镜头焦长和最大光圈时才可使用。如果无法获得理想效果，请使用点测光或中央重点测光。
⑬为了提高精度，请使用非CPU镜头数据指定镜头焦长和最大光圈。

最大限度地发挥2426万像素分辨率的分辨能力—— Nikkor镜头

为了更好地发挥高像素数码相机的全部潜力以呈现高解析度影像，使用高性能镜头以精细平衡的方法弥补各种色差至关重要。尼克尔镜头具有卓越的光学性能和优秀的可靠性，备受全球专业摄影师的推崇。除了高光学性能，尼康的原创技术（如纳米结晶涂层和减振）呈现高清分辨率和清晰的影像，最大限度地发挥了D600相机2426万有效像素的高分辨率。此外，众多的镜头产品群有助于激发摄影师的创作力。

AF-S 28mm F1.8G快速广角镜头，边缘清晰，视角自然。

AF-S 24~85mm F3.5-4.5G ED VR高品质标准变焦镜头，具有减振功能，完美匹配D600。

AF-S 14~24mm F2.8G ED超广角变焦，14毫米广角提供边缘到边缘的清晰度。

AF-S 16~35mm F4G ED VR超广角变焦镜头，具有减振功能，在光线不足的摄影条件下提高手持相机拍摄的能力。

AF-S 24~70mm F2.8G ED极稳定、高度平衡的标准变焦镜头。

AF-S 24~120mm F4G ED VR高品质标准变焦镜头，具有减振功能和纳米结晶涂层。

AF-S 70~200mm F2.8G ED VR II强大的远摄变焦镜头，具有减振功能以及整个变焦范围内出色的影像质量。

AF-S 50mm F1.8G极轻且小巧的高速定焦单焦点常规镜头。

AF-S 85mm F1.8G快速定焦镜头，小巧的镜身提供出色的清晰度和优质影像。

FX与DX双区域模式全高清 D-Movie视觉效果评测

　　D600支持全高清1920×1080；30p。EXPEED 3适合处理约2426万的高像素数据，减少锯齿和波纹，提供高清晰短片。专门针对短片拍摄优化的降噪功能有效地减少噪点，同时保持清晰度。可实现平滑分级，最大限度地减少压缩过程中可能出现的块状杂讯，且为高ISO设置下短片拍摄减少随机噪点。以H.264/MPEG-4 AVC格式压缩文件，最大拍摄时间约29分59秒。可选择1280×720；60p，拍摄运动画面更顺畅。短片拍摄按钮靠近快门释放按钮，如果要拍摄静态照片，可顺畅地启动/关闭短片拍摄。最大限度地减少相机抖动造成的影像模糊。

多区域模式全高清D-Movie（数码动画）：基于FX 和DX 格式的动画制作创意自由

　　D600支持以两种画幅格式录制全高清和高清视频，基于FX 和DX 的动画格式融于一架照相机之中，激发电影摄影师探索各类影片氛围和视角。当使用大光圈Nikkor镜头时，基于FX格式的大面积图像区域，可精致地渲染出具有美丽散景效果的浅景深。基于DX的格式，使用类似于35mm 电影胶片的图像区域，使电影摄影师能以习惯的视角进行拍摄。一机具备两种D-Movie格式所带来的优势，以及丰富的Nikkor镜头群，使D600 成为全面的动画制作利器。

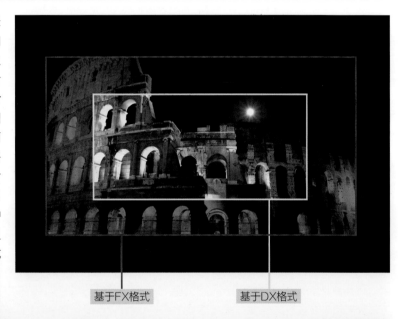

基于FX格式　　　　基于DX格式

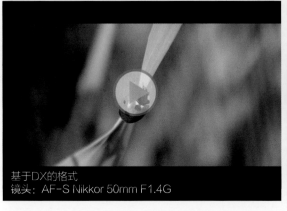

基于DX的格式
镜头：AF-S Nikkor 50mm F1.4G

基于DX的格式
镜头：AF-S Nikkor 70~200mm F2.8G ED VR II

针对D-Movie（数码动画）多功能自定义设定

D600采纳了视频摄影师宝贵的反馈意见，为D-Movie操作提供了便捷的自定义控制。无须旋转指令拨盘，通过自定义菜单指定某一按钮便可使用电动光圈，实现更平滑的光圈控制，这对于确认景深非常方便。索引标记使您可以在动画记录时添加标记，便于您确定重要画面，以进行后期相机内部编辑和重放。标记与时间轴同时显示，易于进行直观的确认。

具有各种选项的声音控制

D600采用外部麦克风接口。如果连接ME-1立体声麦克风（另购），可明显减少机械噪音，记录清晰声音。此外，D600配有耳机接口，您可使用另购的立体声耳机有效地监控音频。可分30步微调音频水平。同时LCD显示屏上的声音水平指示灯在短片即时取景过程中提供音频水平的视觉确认，且麦克风灵敏度具有20级的精确控制。

需注意的是，短片拍摄过程中不可改变麦克风敏感度和耳机音量。

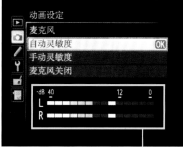

菜单显示　　　　　音频水平 indicator　　　　　动画录制显示

频闪消除功能

在即时取景或视频拍摄期间，此功能减少，诸如荧光灯或汞灯等人工照明下，屏幕可能出现的频闪影响和垂直线条。频闪消除菜单中的自动模式可自动识别频闪频率，以确保适当地控制曝光，减少频闪。需要时，也可手动选择50赫兹或60赫兹。

定时拍摄

定时拍摄让您能够以指定的时间间隔自动拍摄位移较慢的对象并保存为短片。不需要复杂的计算或编辑，您可简单地在相机菜单内设置短片拍摄间隔和时间，您可拍摄一系列的动态自然现象，如云彩的流动、行星的运动、花朵的盛开或城市场景中的车水马龙。

定时拍摄的短片文件可以16:9的宽高比保存。

便于相机内短片编辑的索引标记功能

在短片即时取景过程中，D600可通过自定义菜单选择通过预览按钮进行播放。如果设置"索引标记"，您可在短片拍摄过程中添加索引到重要的画幅中，以便在随后的相机内编辑阶段快速查找到这些画幅。索引和进度条一起显示，便于确认。

带索引的进度条

外接显示屏通过HDMI显示短片和短片即时取景输出

D600采用HDMI迷你针式接口。LCD显示屏和外接显示屏可同时显示。在短片即时取景中，可以与短片的拍摄大小〔最大1920 x 1080（当通过HDMI接口记录短片时，输出的影像可能小于通过"影像大小/帧率"菜单设置的值）〕相同的分辨率输出。在短片拍摄或短片即时取景中，可选择通过HDMI连接的设备中不显示LCD中显示的设置信息。当需要通过HDMI连接的大屏幕显示及时检查相机捕捉的影像时，这种功能对于查看整个画幅非常方便。此外，未压缩的短片即时取景数据在记录到SD记忆卡前，可直接记录到外接设备，以满足需要高品质的未压缩短片片段以便在连接的设备进行编辑的专业人士的需求。此外，如果相机连接到兼容HDMI-CEC的电视机上，使用电视摇控可进行相机的远程播放操作。

外接显示屏为其他制造商的产品

动画技术规格		
影像大小（像素）/帧率	最大比特率（★高品质/正常）	最大记录时间（★高品质/正常）
1920 x 1080/30p	24 Mbps/12 Mbps	20分钟/29分钟59秒
1920 x 1080/25p		
1920 x 1080/24p		
1280 x 720/60p	12 Mbps/8 Mbps	29分钟59秒/29分钟59秒
1280 x 720/50p		
1280 x 720/30p		
1280 x 720/25p		

小贴士

请注意：这里展示的视频是使用D-Movie（数码动画）功能拍摄，然后转换成Flash Video format格式以便于处理。处理后的影像质量与原始文件会有所不同。

Chapter **02**

认识Nikon D600

全方位解析NikonD600机身
比【用户手册】更详细的说明
D600机身图文详解
D600外观大透析

Nikon
D600
数码单反相机完全剖析手册

Nikon D600 机身正面

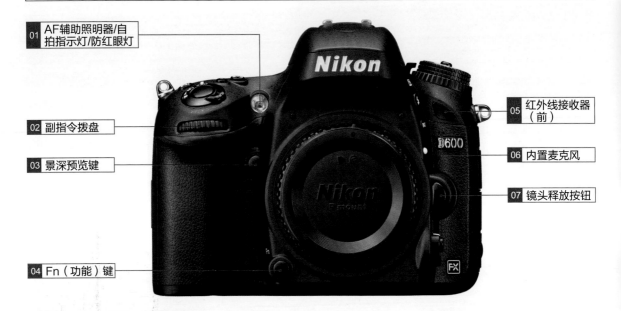

01 AF辅助照明器/自拍指示灯/防红眼灯

02 副指令拨盘

03 景深预览键

04 Fn（功能）键

05 红外线接收器（前）

06 内置麦克风

07 镜头释放按钮

01 AF辅助照明器/自拍指示灯/防红眼灯

这是一个多功能的照明灯，分别可用作AF操作时的自动对焦辅助照明灯、自拍时的信号灯，以及拍摄闪光照片时的防红眼照明灯。

在自动对焦时，当光线不足以让D600做有效的AF操作时，这个灯便会发光射向主体，让景物有足够的反差，使D600对准焦点，有效范围0.5~3m。如摄影师不想在偷拍时发出光线，可以利用用户设定菜单a9把它关掉。拍照时，这个灯会在按下快门时开始闪烁，到拍摄前2秒便会停止；在防红眼模式下以闪光灯拍摄，这个灯也会亮起，使主体眼睛的瞳孔收缩，减少出现"红眼"的机会。

02 副指令拨盘

D600机身上共有两个指令拨盘，在机身前面的手柄上的是副指令拨盘，在机身背后的是主指令拨盘，它们各自可以进行向左转或向右转的操作，也可以配合其他键选择不同的功能操作，充当不同功能的操控角色。

副指令拨盘可在模式S和M下选择快门速度。该设定也同时应用于MB-D14的指令拨盘。

光圈设定：若选择了副指令拨盘，

光圈仅可通过副指令拨盘进行调整（如果在改变主/副中选择了开启，则仅可通过主指令拨盘进行调整）。若选择了光圈环，光圈仅可通过镜头光圈环进行调整，且照相机光圈显示将以1EV为增量显示光圈（G型镜头的光圈仍使用副指令拨盘进行设定）。请注意，无论选择了何种设定，安装了非CPU镜头之后，您必须使用光圈环调整光圈。

03 景深预览键

D600和其他现代的单反相机或数码单反相机一样，以全开光圈测光及取景，即镜头的光圈除了在曝光的时候，会一直保持在全开光圈的状态，例如以一支50mm F1.8镜头为例，无论在A或M模式下，摄影师将光圈设定到哪一级，或在P或S模式下，D600把光圈设定到哪一级，取景时镜头仍是处于全开光圈的状态，即F1.8，因此，实际的景深效果便无法在取景器中看到。

如果预先知道拍摄时的景深效果，可以按下这个景深预览键，将光圈收缩到实际拍摄时的光圈，便可以看到真正的景深效果。

当光圈收缩时，取景器会变暗，这是正常现象。在D600上，可以利用用户设定菜单f3把这个景深预览键设定为其他功能，但除非摄影师有特别的个人理由，否则不建议这样做，以免相机的按键经

过太多改动，造成操作上的混乱。

04 Fn（功能）键

Fn键是预留给摄影师自定义用途的功能键，配合主指令拨盘可以设定包围曝光拍摄的拍摄数目，配合副指令拨盘则可以设定曝光量；Nikon建议用户把Fn键设定为FV闪光值锁定键，将闪光灯所输出的亮度锁定。用户设定菜单中的f5项就可以进行这一项FV设定，但也可以把Fn键设定为景深预览键、AE/AF锁定及闪光灯关闭等。由于AE及AF的锁定其实已有AE/AF键担任，D600已有景深预览按钮，因此，最好还是把Fn键设定为FV锁定或闪光灯关闭。对于常用闪光灯的摄影师，一旦想把闪光灯暂时关掉又不想让手指及眼睛离开相机，这个是值得考虑的设定。

05 红外线接收器（前）

遥控模式：从距离5m或更近的地方，将ML-L3上的发射器对准照相机上任一红外线接收器，然后按下ML-L3快门释放按钮。在遥控延迟模式下，快门释放前自拍指示灯会点亮约2秒。在快速响应遥控模式下，快门释放后自拍指示灯将会闪烁，在遥控弹起反光板模式下，按下ML-L3快门释放按钮一次可弹起反光板；30秒后或再次按下该按钮时，快门

将被释放且自拍指示灯将闪烁。请注意，遥控器无法用于录制动画短片；即使将自定义设定g4（指定快门释放按钮）选为录制动画，按下遥控器上的快门释放按钮也将释放快门并记录一张照片。

06　内置麦克风

麦克风：开启或关闭内置麦克风或另购的ME-1立体声麦克风或调整麦克风灵敏度。选择自动灵敏度可自动调整灵敏度；选择麦克风关闭可关闭声音录制。若要手动选择麦克风灵敏度，请选择手动灵敏度，然后选择一个灵敏度。

照相机可同时录制视频和声音；动画录制过程中切勿遮盖照相机前部的麦克风。请注意，内置麦克风可能会录制到自动对焦或减振期间镜头所产生的声音。

07　镜头释放按钮

将镜头上的镜头安装标记和照相机机身上的镜头安装标记对齐，然后将镜头插入照相机的卡口中。请逆时针旋转镜头直至其卡入正确位置发出咔嗒声。注意，此时切勿按下镜头释放按钮。

Nikon D600 机身侧面

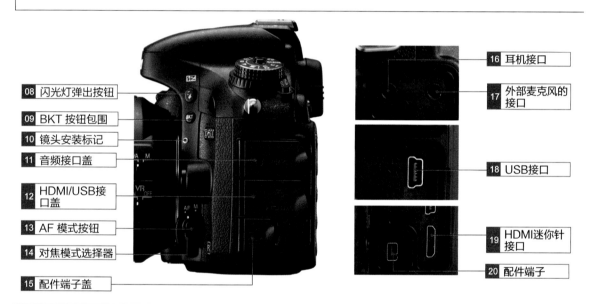

08 闪光灯弹出按钮
09 BKT 按钮包围
10 镜头安装标记
11 音频接口盖
12 HDMI/USB接口盖
13 AF 模式按钮
14 对焦模式选择器
15 配件端子盖

16 耳机接口
17 外部麦克风的接口
18 USB接口
19 HDMI迷你针接口
20 配件端子

08　闪光灯弹出按钮

按下这个闪光灯弹出按钮，可以让内置的闪光灯立即弹出。若要把闪光灯收回，可以用手把闪光灯按下。使用内置闪光灯时，最好使用矩阵测光或偏重中央测光，启动i-TTL均衡补充闪光，可获得最佳的闪光效果。

09　BKT 按钮包围

在选择拍摄张数时，按下 BKT 按钮，同时旋转主指令拨盘，选择在包围序列中的拍摄张数以及照片的拍摄顺序；选择2张照片时，一张将在动态 D-Lighting 关闭状态下拍摄，另外一张则以拍摄菜单中动态 D-Lighting 的当前所选值拍摄（若动态 D-Lighting 处于关闭状态，第二张则以自动动态 D-Lighting 设定进行拍摄），选择 3 张照片时，将以"关闭"、"标准"和"高动态 D-Lighting"设定拍摄该系列照片。在选择白平衡增量，按下

BKT 按钮，同时旋转副指令拨盘从 1、2 和 3 中选择增量。B 值代表蓝色量，A 值代表琥珀色量。

10　镜头安装标记

在安装镜头时，将镜头上的镜头安装标记和照相机身上的镜头安装标记对齐。

11　音频接口盖

为耳机接口孔和外部的麦克风接口孔起遮挡灰尘和保护接口的作用。

12　HDMI/USB接口盖

为USB接口和HDMI迷你针式接口孔起遮挡灰尘和保护接口的作用。

13　AF 模式按钮

若要选择一种自动对焦模式，请按下AF模式按钮并旋转主指令拨盘，直至显示屏中显示所需模式。

14　对焦模式选择器

若要使用自动对焦，请将对焦模式选择器旋转至AF。使用AF镜头时，请不要将镜头对焦模式切换器设为M，而应将照相机对焦模式选择器设为AF，否则可能会损坏照相机或镜头。

15　配件端子盖

GPS单元GP-1（另购）连接至照相机的配件端子，保护相机的接口。

16　耳机接口

可使用第三方耳机，请注意，高音

量级别可能会导致高音量；使用耳机时需特别小心。

17 外接麦克风的接口

使用外置麦克风。另购的ME-1立体声麦克风可用于录制立体声音，避免录制到由于自动对焦而产生的镜头噪音。

18 USB接口

可以用随机附送的USB接线US-E4把D600接驳到电脑，如在设定

选择中的USB选用了[Mass Storagel]，机顶LCD控制面板会出现PC字样，可以在Nilon Transfer的协助下把相机内的影像传送到电脑中，如用USB连接PictBridge打印机或WT-4无线传输器，或接驳电脑上的Camera Control Pro2件时，则应选择[MTP/DTP]。

19 HDMI迷你针接口

C型迷你针式高清晰多媒体接口（HDMI）连接线可用来将照相机连接至高清视频设备。在连接或断开HDMI连接

线之前，请务必关闭照相机。在播放过程中，照相机显示屏和高清电视机或显示器屏幕中都将显示图像。当不使用接口时，请关闭接口盖。接口若沾有杂质将会影响数据传输。

20 配件端子

使用GP-1附送的连接线可将GPS单元GP-1（另购）连接至照相机的配件端子，能在拍摄照片时记录有关照相机当前位置的信息。连接GP-1之前请关闭照相机。

Nikon D600 机顶部分

21 释放模式拨盘
22 模式拨盘
23 模式拨盘锁定解除
24 释放模式拨盘锁定解除
25 配件热靴

26 电源开关
27 快门释放按钮
28 动画录制按钮
29 曝光补偿按钮/双键重设
30 测光/格式化记存储卡按钮
31 焦平面标记
32 控制面板
33 弹出式闪光灯

21 释放模式拨盘

若要选择一种释放模式，请按下释放模式拨盘锁定解除按钮并将释放模式拨盘旋转至所需设定。拨盘的边缘会显示[S]单张拍摄、[CL]低速连拍、[CH]高速连拍、[Q]安静快门释放、[⏱]自拍、[▣]遥控器和[Mup]反光板弹起。

22 模式拨盘

模式拨盘上有P、S、A和M四类模式和自动模式、场景模式（照相机可根据所选场景自动优化设定，可以选择适合所拍场景的模式）、U1及U2模式（存储及启用自定义拍摄设定）。

23 模式拨盘锁定解除

若要选择一种模式，请按下模式拨

盘锁定解除并旋转模式拨盘。

24 释放模式拨盘锁定解除

若要选择一种释放模式，可以按下释放模式拨盘锁定解除并将释放模式拨盘旋转至所需设定。

25 配件热靴

Nikon D600相机支持尼康创意

闪光系统（CLS），且可使用CLS兼容闪光灯组件。另购的闪光灯组件可按照下述方法直接安装至照相机配件热靴。配件热靴配备有一个安全锁，适合带有锁定插头的闪光灯组件。

26 电源开关

旋转电源开关ON，将其对准白色指示标即可开启照相机，旋转电源开关OFF，将其对准白色指示标即可关闭照相机。

27 快门释放按钮

Nikon D600有一个两段式快门释放按钮。半按快门释放按钮时，照相机进行对焦，若要拍摄照片，将其完全按下。

28 动画录制按钮

D600在机顶快门附近设计的动画录制按钮，按下动画录制按钮开始录制。显示屏上会出现录制指示及可用录制时间。使用矩阵测光可设定曝光，按下AE-L/AF-L按钮可锁定曝光，使用曝光补偿则可在-3~+3EV范围内更改曝光。在自动对焦模式下，半按快门释放按钮可锁定对焦。再次按下动画录制按钮，结束录制。当达到最大时间长度或储存卡已满时，录制将自动结束。

29 曝光补偿按钮/双键重设

这个有"+/-"符号的按钮是曝光补偿按钮，适合于P、S及A三种自动曝光模式，而不能用于M（手动）曝光所设定的光圈及快门值。"曝光补偿"这一译名对中文用户来说可能有点误导，因为在中文里，"补偿"两字其实指在缺少了某些东西的情况下补回所缺失的，但在相机上的曝光"补偿"却指在自动曝光的情况下额外地增加或减少曝光，摄影师可以在D600上设定由增加5级曝光（+5EV）到减少5级曝光（-5EV），以1/3级作设定，而±0代表"正常"曝光。曝光补偿是一种常设式的曝光矫正设定，一旦设定了，即使关上相机也不会重设，必须手动调回±0。

简易曝光补偿：在"用户设定菜单＞测光/曝光＞b4简易曝光补偿"中，可以设定简易曝光补偿。当打开了这个设定，可以在无须按下Nikon D600的曝光补偿（+/-）的情况下，转动主及副指令拨盘便可以控制曝光补偿。

微调最佳曝光：在个人设定的b3中，可以设定从+1至-1以1/6级作微调式设定，方便摄影师经常地微调D600的自动曝光量，例如稍微增加使画面亮一些，或稍微减少让色彩浓一些，形成摄影师独特的曝光风格。

双键重设 缩小（ISO）按钮及曝光补偿（+/-）

同时按下缩小（ISO）按钮和曝光补偿按钮（这个按钮旁边标有一个绿点）2秒或以上，可以把以下D600的设定重设为默认值。重设设定期间，控制面板将暂时关闭。

受双键重设影响的相机设定	
影像品质	JPEG 标准
影响尺寸	大
白平衡	自动>标准
微调	A-B:0, G-M:0
HDR（高动态范围）	关闭
ISO 感光度设定	
ISO 感光度	
自动和场景模式	自动
P、S、A、M	100
自动ISO 感光度控制	关闭
间隔拍摄	关闭
自动对焦（取景器）	
自动对焦模式	AF-A
AF区域模式	
♣ ♣ ♥ ▲	单点AF
♣ ♥	39点动态区域AF
AUTO ...	自动区域AF

30 测光/格式化记存储卡按钮

选择照相机在P、S、A 和M模式下设定曝光的方式（在其他模式下，照相机自动选择测光方式）。若要选择一个测光选项，请按下按钮并旋转主指令拨盘直至取景器和控制面板中显示所需设定。有关针对每种测光方式单独调整优化曝光的信息，可以在自定义设定b5中进行微调优化曝光。

选项	说明
矩阵	矩阵：在大多数情况下可产生自然效果。照相机对画面的广泛区域进行测光，并根据色调分布、色彩、构图及距离信息（使用G型或D型镜头时，照相机使用3D彩色矩阵测光II；使用其他CPU镜头时，照相机使用彩色矩阵测光II，其不包括3D距离信息）设定曝光。使用非CPU镜头时，若已使设定菜单中的非CPU 镜头数据选项指定焦距和最大光圈，照相机将使用彩色矩阵测光；否则，照相机将使用中央重点测光。
中央重点	中央重点：照相机对整个画面进行测光，但将最大比重分配给中央区域（若安装了CPU镜头，您可使用自定义设定 b4（中央重点区域）选择区域大小；若安装了非CPU镜头，区域则为12mm直径圈）。人像拍摄的经典测光方式；当使用曝光系数（滤光系数）大于1倍的滤镜时推荐使用。
点	点：照相机对4mm直径圈（约画面的1.5%）进行测光。直径圈以当前对焦点为中心，使偏离中央的拍摄对象可被测光（若使用了非CPU镜头或自动区域AF，照相机将对中央对焦点进行测光）。它确保即使拍摄对象与背景间的亮度差异非常大时，也可对拍摄对象进行正确的曝光。

31 焦平面标记

D600专门设计了这一焦平面标记，若要测定拍摄对象和相机之间的距离，您可以通过相机机身的焦平面标记（－⊖）来测量。镜头卡口边缘到焦平面之间的距离是46.5mm。

32 控制面板

这是Nikon重新设计的LCD控制面板，总共包括了28种共53项关于D600控制的信息。详见本书后面内容。

33 弹出式闪光灯

D600 的内置闪光灯的闪光指数高达 GN17（m,ISO200, 20 ℃），如以ISO100 计算则是 GN12，它可以配合i-TTL 闪光及 i-TTL 均衡补光拍摄，更可以用作主控闪光灯，以指令模式遥控多达2组闪光灯作i-TTL 多重闪光拍摄。

i-TTL闪光系统：i-TTL闪光会在正式闪光前发出一连串肉眼看不到的预闪，再由D600内的1005像素RGB传感器测量后正式发出最准确的闪光拍摄，如使用G或D系列镜头，闪光系统便会计算出主体的距离，令闪光效果更准确。

闪光灯拍摄海边人像。

Nikon D600 机背部分

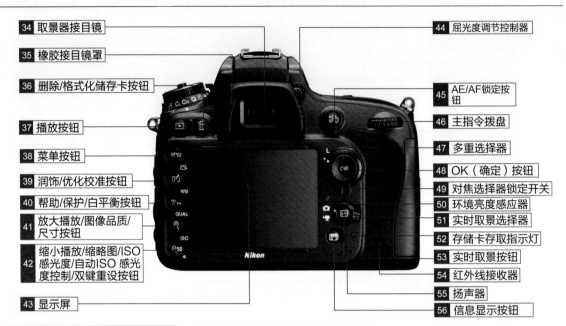

- 34 取景器接目镜
- 35 橡胶接目镜罩
- 36 删除/格式化储存卡按钮
- 37 播放按钮
- 38 菜单按钮
- 39 润饰/优化校准按钮
- 40 帮助/保护/白平衡按钮
- 41 放大播放/图像品质/尺寸按钮
- 42 缩小播放/缩略图/ISO感光度/自动ISO感光度控制/双键重设按钮
- 43 显示屏
- 44 屈光度调节控制器
- 45 AE/AF锁定按钮
- 46 主指令拨盘
- 47 多重选择器
- 48 OK（确定）按钮
- 49 对焦选择器锁定开关
- 50 环境亮度感应器
- 51 实时取景选择器
- 52 存储卡存取指示灯
- 53 实时取景按钮
- 54 红外线接收器
- 55 扬声器
- 56 信息显示按钮

34 取景器接目镜

D600的取景器（Viewfinder）提供100%实际拍摄画面的覆盖率，具专业水准的规格。D600取景器支持约100%的画面覆盖率和约0.7倍的放大率。相机采用的镁合金机身令其具有与D800同水平的耐久性，而重量却减轻了约10%。

35 橡胶接目镜罩

当不需要将眼睛对准取景器进行拍摄时，请按下DK-21橡胶接目镜罩，并插入附送的DK-5接目镜盖。这样即可防止光线从取景器进入而干扰曝光。在取下橡胶接目镜罩时一定要握紧照相机。

36 删除/格式化存储卡按钮

在查看影像时，如果想把不需要的影像删除，可以按一下这个删除键，LCD屏上会出现需确认的画面，再按一下删除键便可以把影像删除。摄影师也可以快速按下两次删除键把影像删除，但这样做太危险，不建议摄影师在拍摄途中经常间隙地删除影像，以免误删重要影像。

开启照相机后，按下𝄞（FORMAT）和💮（FORMAT）按钮。同时按住𝄞（FORMAT）和💮（FORMAT）按钮直至闪烁的For（格

式化）出现在控制面板和取景器的快门速度显示中。若插有两张存储卡，照相机将选择插槽1中的卡；您可通过旋转主指令拨盘选择插槽2中的卡。若不要格式化存储卡而直接退出，请稍等，直至For停止闪烁（约6秒），或按下𝄞（FORMAT）和💮（FORMAT）按钮以外的任一按钮。再次按下𝄞（FORMAT）和💮（FORMAT）按钮，当For闪烁时，再次同时按下𝄞（FORMAT）和💮（FORMAT）按钮将格式化存储卡。在格式化过程中，请不要取出存储卡、电池或切断电源。格式化完成后，控制面板和取景器中将会显示当前设定下存储卡可记录的照片数量。

37 播放按钮

按一下播放按钮，D600便会把最后拍摄或之前最后看到的影像在LCD屏中显示，在预设的状态下，按下多重选择器的左方键或右方键可以查看之前及之后的照片；按上方键或下方键则可以显示影像的其他信息，由全画面显示、RGB曝光图、GPS数据（如有的话）及整体数据作循环切换。在整体数据中的模拟曝光图（俗称直方图）可以查看影像的曝光情况以评估出曝光是否准确。利用用户设定菜单f5项可以把左、右键及上、下键的角色对调，即是用上、下键查看不同影像，而左、右键则改为查看个别影像的信息。

38 菜单按钮

当按下这个菜单按钮时，便可以在机背LCD显示屏显示设定选项的面板，方便进行D600的多项设定。可选用的项目会用实色显示，不能选用的则会以浅色显示。有关MENU的各种选项及设定，可参阅本书详细菜单部分。

39 润饰/优化校准按钮

D600的"润饰/优化校准"按钮在这里起到了快捷方便的作用。选择优化校准（仅限于P、S、A和M模式），即时取景期间按下✍（📷）按钮将显示一个优化校准列表。加亮显示所需优化校准并按下向右方向键可调整优化校准设定。

在编辑动画时，按下✍（📷）按钮显示动画编辑选项。在选择优化校准时，按下✍（📷）。屏幕中将显示优化校准列表，选择优化校准。加亮显示所需优化校准并按下OK键。要显示润饰菜单时，可以在按下"MENU"后再直接按下✍（润饰菜单）标签。

40 帮助/保护/白平衡按钮

帮助功能：若显示屏左下角显示⑦图标，表示可按下？⍩（WB）按钮显

示帮助信息。当按住该按钮时,屏幕中将显示对当前所选项或菜单的说明。按下向上或向下方向键可滚动显示。

图像品质尺寸:按下这个保护键,可以保护当前所显示的影像,以免被错误删除。无论影像以全画面、放大或缩略图播放都可被保护。虽然已经被保护的影像不能被删除键删除,但如果储存卡被格式化则已被保护的影像也会在格式化下被消除掉。已保护的影像如想取消被保护,可再按一次保护键。当LCD屏显示设定的项目时,如项目的左下有一个"?"符号,表示D600备有这个项目的说明,只需按下保护键,LCD屏便会列出相关信息,因此,保护键其实又是查询键。

图像品质尺寸:在 **K**(选择色温)和PRE(手动预设)之外的设定下, **%m**(WB)按钮可用于在琥珀色(A)-蓝色(B)轴上微调白平衡;若要在选择了 **K** 或PRE时微调白平衡。两方向各有6个设定可用,每个增量约相当于5迈尔德。请按下 **%m**(WB)按钮并旋转副指令拨盘,直至控制面板中显示所需值。向左旋转副指令拨盘增加琥珀色量(A)。向右旋转副指令拨盘则增加蓝色量(B)。在0以外的设定下,控制面板中将出现一个星号("＊")。

41 放大播放/图像品质/尺寸按钮

按下"放大播放"按钮可以把缩小了的小图由72格放大到9格再放大至全画面显示。如要把影像作变焦放大显示,可以连续按下影像放大键,最多可放大到38倍,还可放大到28倍或19倍。当影像放大时,可以转动主指令拨盘以目前的放大倍数观看其他影像。

图像品质/尺寸:若要设定图像品质,请按下(QUAL)按钮并旋转主指令拨盘,直至控制面板中显示所需设定。

42 缩小播放/缩略图/ISO感光度/自动ISO感光度控制/双键重设按钮

若要查看多张图像,请在全屏显示照片时按下缩略图按钮,每按一次按钮,图像显示数量将会增加,从4张增加到9张再增加到72张。

通过按下 **%**(ISO)按钮并旋转主指令拨盘直至控制面板或取景器中显示所需设定,即可调整ISO感光度。

通过同时按住 **%**(ISO)和(+/-)按钮(这些按钮上标有一个绿点)2秒以上,可恢复照相机的默认值。重设设定期间控制面板将暂时关闭。

43 显示屏

D600的TFT LCD显示屏足有3.2英寸,分辨率高达92.1万像素数,宽视角,8厘米LCD显示屏,配有强化玻璃,玻璃和面板配合减少各零件表面反光以提供良好的能见度,具备自动显示屏亮度控制。它不仅可以用来观看已拍摄的影像和用此显示功能设定的选项,而且也是实时取景(Live View)的取景器,即实时显示镜头所对准的景象。

44 屈光度调节控制器

为有轻度近视或远视的摄影师提供由-3至+1m的屈光度调节,如近视严重,须加配DK-17C可调节屈光度取景器,提供-3、-2、0、+1及+2m的屈光度调节,但不少有视力问题的摄影师均选择戴上自己的眼镜取景。由于D600提供18mm(-1m)的视点,对戴眼镜的摄影师来说会比较舒服。

45 AE/AF锁定按钮

测光模式键中央的键就是AE L及AF-L按钮,即自动曝光锁及自动对焦锁。在使用时,如按下AE-L/AF-L按钮可以把自动曝光的测光值及自动对焦系统所处的焦点锁定,即使摄影师把手指从快门键上移开,所对焦的焦点及曝光值也仍会锁定,方便摄影师重新构图后才再正式拍摄。可以在用户设定选择f4把AE-L/AF-L按钮设定为不同的功能,详情请参考本书介绍详细菜单的部分。

46 主指令拨盘

Nikon D600机身上共有两个指令拨盘,在机身前面的手柄上的是副指令拨盘,在机身背后的是主指令拨盘,它们各自可以向左转或向右转操作,也可以配合其他键选择不同的功能操作,充当不同功能的操控角色。

47 多重选择器

多重选择器是一个多方向的选择键,在可作控制的项目中通常以它推动光标选择所要的功能或选项,并且往往要配合机背左下的"OK"键作所选择的确认。在某些情况下,如按下多重选择器的中央键也等同于"OK"功能,这主要取决于不同功能的设计。

48 OK(确定)按钮

用以确认所选用的项目或功能,虽然在某些情况可以用按下多重选择器的中央键或按下右方键作确认,但某些情况下则不可以,而"OK"确认键则可确认全部设定。

49 对焦选择器锁定开关

把对焦选择器锁定杆由"L"推到"·"便可以把此锁定的功能打开,能在单点对焦及动态区域AF时作对焦点选择。使用时,此键可作8个方向的推动,完成后只要把键位由"·"拨到"L"便可以把对焦点锁定。摄影师可以在用户设定菜单a4项中设定AF点照明及在a5点的循环方式由有边沿规范的"不循环"设定为"循环"。

50 环境亮度感应器

按住 **%m**(WB)键的同时,按下向上或向下方向键可调整显示屏亮度(请注意,显示屏亮度不影响所拍摄照片的亮度)。若选择了A(自动),照相机将在显示屏处于开启状态时根据环境亮度感应器所测量的周围光线条件自动调整亮度。请注意不要遮盖环境亮度感应器。

51 实时取景选择器

将实时取景选择器旋转至 **☐**(实时取景拍摄),同时按下 **Lv** 按钮。反光板将弹起,且镜头视野将出现在照相机显示屏中。此时,取景器中将无法看见拍摄对象。

将实时取景选择器旋转至 **景**(动画实时取景),同时按下 **Lv** 按钮。反光板将弹起,镜头视野将出现在照相机显示屏中,且已修改曝光效果。此时,取景器中将无法看见拍摄对象。

52 存储卡存取指示灯

当D600机内的SD卡在写入文件时,这个小小的绿灯便会亮起。当灯亮起时,切勿把卡门打开并把卡取出,也切勿将相机的电源关闭或取出电池。

53 实时取景按钮

实时取景按钮 **Lv** 是结合实时取景选择器使用的,是实时取景至关重要的按钮。

54 红外线接收器

红外线接收器适用于遥控模式。从距离5m或更近的地方,将ML-L3

上的发射器对准照相机上任一红外线
接收器，然后按下ML-L3快门释放
按钮。在遥控延迟模式下，快门释放
前自拍指示灯会点亮约2秒。在快速
响应遥控模式下，快门释放后自拍指
示灯将会闪烁。遥控弹起反光板模式
下，按下ML-L3快门释放按钮一次，
可弹起反光板；30秒后或再次按下该
按钮时，快门将被释放且自拍指示灯
将闪烁。

55 扬声器

若动画为无声动画，全屏和动画播
放时，屏幕中将显示[N]。若动画为有
声动画，此时扬声器就会发出声音，而
LCD屏上就会显示[♪]。

56 信息显示按钮

和D800一样，D600也可以在LCD

上显示多项拍摄信息，包括快门、光圈、
拍摄张数、缓冲区容量等。每次按下机背
的Info键，就可以直接修改这些设定。使
用这种显示方式的好处是，能够用尽相机
特大的LCD屏，显示更多拍摄信息，一
目了然，修改也更加方便。如果用户在此
显示模式下不作任何操作，显示屏将会在
预设的10秒后关闭。显示时间的长短也
可以修改，只要在用户设定菜单中的c4
项目选择LCD屏的开启时间即可。

Nikon D600 模式拨盘

D600相机提供下列模式。若要选择一种模式，请按下模式拨盘锁定
解除并旋转模式拨盘。

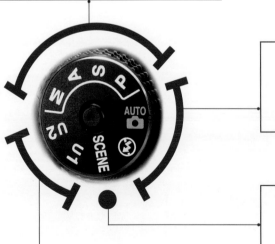

P、S、A 和M 模式
选择这些模式可完全控制照相机设
定。
· P – 程序自动
· S – 快门优先自动
· A – 光圈优先自动
· M – 手动

自动模式
选择这些模式可进行简单的"即取即拍"型拍
摄。
· AUTO 自动
· ☉ 自动（闪光灯关闭）

场景模式
照相机可根据所选场景自动优化设定。
请选择适合所拍场景的模式。

U1和U2模式
存储及启用自定义拍摄设定。

Nikon D600 释放模式拨盘

若要选择一种释放模式，可以按下释放模式拨盘锁定解除并将释放模式拨盘旋转至所需设定。

	选项	说明
	S 单张拍摄	每按一次快门释放按钮，照相机拍摄一张照片。
	CL 低速连拍	当按下快门释放按钮时，照相机以较低连拍速度拍摄照片。
	CH 高速连拍	当按下快门释放按钮时，照相机以较高连拍速度拍摄照片。
	Q 安静快门释放	除照相机噪音将会降低之外，其他与单张拍摄相同。
	自拍	使用自拍功能拍摄照片。
	遥控器	使用另购的ML-L3遥控器拍摄照片。
	MUP 反光板弹起	拍摄前弹起反光板。

遥控器拍摄的夜景风光照片。

Nikon D600 取景器显示

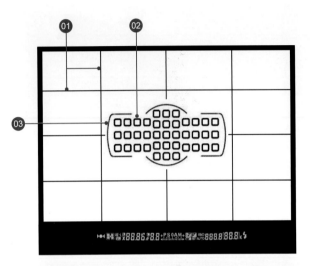

01 取景网格（在自定义设定 d2中选择了开启时显示）	冲区占满之前的剩余可拍摄张数、曝光补偿值、闪光补偿值
02 对焦点/AF区域模式	16 闪光预设指示灯
03 AF区域框	17 FV锁定指示
04 对焦指示	18 闪光同步指示
05 测光模式	19 光圈级数指示
06 自动曝光(AE)锁定	20 曝光指示/曝光补偿显示
07 快门速度锁定图标	21 低电池电量警告
08 快门速度、自动对焦模式	22 曝光和闪光包围指示、白平衡包围指示/动态 D-Lighting包围指示
09 光圈锁定图标	
10 光圈	23 自动ISO感光度指示
11 曝光模式	24 "K"（当剩余储存空间足够拍摄1000张以上时出现）
12 闪光补偿指示	
13 曝光补偿指示	
14 ISO感光度/预设白平衡记录指示/动态 D-Lighting包围量	
15 剩余可拍摄张数、内存缓	

Nikon D600 控制面板

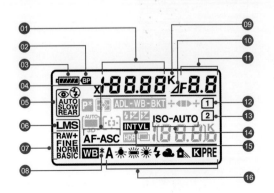

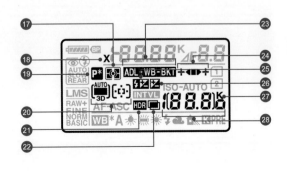

01 快门速度/曝光补偿值/闪光补偿值/白平衡微调/色温/白平衡预设值/曝光和闪光灯包围序列中的拍摄张数/白平衡包围序列中的拍摄张数/间隔拍摄的间隔数/焦距（非CPU镜头）

02 MB-D14电池指示

03 电池电量指示

04 自动对焦模式

05 闪光模式

06 图像尺寸

07 图像品质

08 白平衡微调指示

09 色温指示

10 光圈级数指示

11 光圈（f/值）/光圈(光圈级数)/包围增量/动态D-Lighting包围序列中的拍摄张数/每一间隔的拍摄张数/最大光圈（非CPU镜头）/PC模式指示

12 存储卡指示（插槽1）

13 存储卡指示（插槽2）

14 ISO 感光度指示/自动ISO 感光度指示

15 间隔拍摄指示/定时拍摄指示

16 白平衡

17 测光

18 闪光同步指示

19 柔性程序指示

20 自动区域AF指示/AF区域模式指示/3D跟踪指示

21 HDR 指示

22 多重曝光指示

23 曝光和闪光包围指示/白平衡包围指示/动态D-Lighting包围指示

24 包围进程指示

25 闪光补偿指示

26 曝光补偿指示

27 "K"（当剩余存储空间足够拍摄1000张以上时出现）

28 剩余可拍摄张数/内存缓冲区被占满之前的剩余可拍摄张数/ISO 感光度/预设白平衡记录指示/动态D-Lighting量/定时录制指示/手动镜头编号/拍摄模式指示/HDMI-CEC连接指示

Nikon D600　LCD快速设定显示

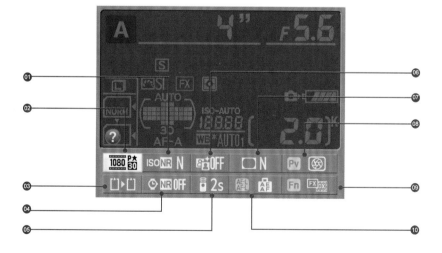

01 高ISO 降噪

02 动画设定

03 插槽2 中存储卡的作用

04 长时间曝光降噪

05 遥控模式

06 动态D-Lighting

07 暗角控制

08 景深预览按钮功能指定

09 Fn按钮功能指定

10 AE-L/AF-L按钮功能指定

Nikon D600 LCD拍摄信息显示

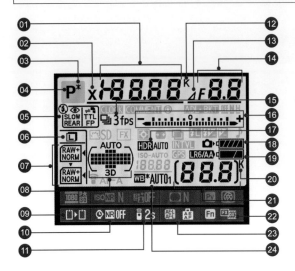

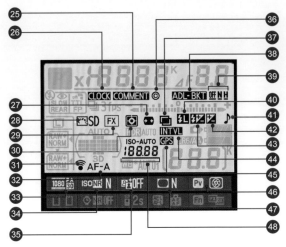

01 快门速度/曝光补偿值/闪光补偿值/曝光和闪光灯包围序列中的拍摄张数/白平衡包围序列中的拍摄张数/焦距（非CPU镜头）/色温

02 闪光同步指示

03 柔性程序指示

04 拍摄模式

05 闪光模式

06 图像尺寸

07 图像品质

08 自动区域AF指示/对焦点指示/AF区域模式指示/3D跟踪

09 指示

10 插槽2 中存储卡的作用

11 长时间曝光降噪指示

12 遥控模式

13 色温指示

14 光圈级数指示
光圈（f 值）/光圈（光圈级数）/包围增量 / 动态 D-Lighting

15 包围序列中的拍摄张数 / 最大光圈（非 CPU 镜头）

16 释放模式/连拍速度
曝光指示/曝光补偿显示/包围进程指示/曝光和闪光包围

17 白平衡包围

18 HDR指示/HDR曝光差异

19 照相机电池电量指示

20 MB-D14电池类型显示/MB-D14电池电量指示

21 "K"（当剩余存储空间足够拍摄1000张以上时出现）

22 剩余可拍摄张数/定时录制指示/手动镜头编号

23 Fn按钮功能指定

24 AE-L/AF-L按钮功能指定

25 白平衡/白平衡微调指示

26 图像注释指示

27 "时钟未设定"指示

28 自动失真控制

29 优化校准指示

30 图像区域指示

31 测光

32 Eye-Fi 连接指示

33 自动对焦模式

34 动画设定

35 高ISO 降噪指示

36 动态D-Lighting指示

37 版权信息

38 多重曝光指示
曝光和闪光包围指示/白平衡包围指示/动态D-Lighting包围指示

39 动态D-Lighting包围量

40 FV锁定指示

41 "蜂鸣音"指示

42 曝光补偿指示

43 闪光补偿指示

44 间隔拍摄指示/定时拍摄指示

45 GPS 连接指示

46 景深预览按钮功能指定

47 暗角控制指示

48 ISO 感光度指示/ISO 感光度/自动ISO 感光度指示

Chapter 03

全面分析Nikon
D600菜单

全方位解析Nikon D600菜单

比【用户手册】更详细的说明

D600菜单图文详解

D600菜单与实例拍摄结合讲解

数码单反相机完全剖析手册

NikonD600菜单树状图

播放菜单
- 删除
- 播放文件夹
- 隐藏图像
- 播放显示选项
- 复制图像
- 图像查看
- 删除之后
- 旋转至竖直方向
- 幻灯播放
- DPOF打印指令

播放菜单
- 重设拍摄菜单
- 储存文件夹
- 文件命名
- 卡槽2中存储卡的作用
- 图像品质
- 图像尺寸
- 图像区域
- JPEG压缩
- NEF（RAW）记录
- 白平衡
- 设定优化校准
- 管理优化校准
- 自动失真控制
- 色空间
- 动态D-Lighting
- HDR(高动态范围)
- 暗角控制
- 长时间曝光降噪
- 高ISO降噪
- ISO感光度设定
- 多重曝光
- 间隔拍摄
- 定时拍摄
- 动画设定

D600菜单

自定义设定

设定菜单
- 格式化储存卡
- 保存用户设定
- 重设用户设定
- 显示屏亮度
- 清洁图像传感器
- 向上锁定反光板以便清洁
- 图像除尘参照图
- HDMI
- 闪烁消减
- 时区和日期
- 语言（Language）
- 图像注释
- 自动旋转图像
- 电池信息
- 版权信息
- 保存/载入设定
- GPS
- 虚拟水平
- 非CPU镜头数据
- AF微调
- Eye-Fi上传
- 固件版本

重设自定义设定

a.自动对焦
- a1. AF-C优先选择
- a2. AF-S优先选择
- a3. 锁定跟踪对焦
- a4. AF点点亮
- a5. 对焦点循环方式
- a6. 对焦点数量
- a7. 内置AF辅助照明器

b.测光/曝光
- b1. ISO感光度步长值
- b2. 曝光控制EV步长
- b3. 简易曝光补偿
- b4. 中央重点区域
- b5. 微调优化曝光

c.计时/AE锁定
- c1. 快门释放按钮AE-L
- c2. 待机定时器
- c3. 自拍
- c4. 显示屏关闭延迟
- c5. 遥控持续时间

d.拍摄/显示
- d1. 蜂鸣音
- d2. 取景器网格显示
- d3. ISO显示和调整
- d4. 屏幕提示
- d5. CL模式拍摄速度
- d6. 最多连拍张数
- d7. 文件编号次序
- d8. 信息显示
- d9. LCD照明
- d10.曝光延迟模式
- d11.闪光灯警告
- d12.MB-D14电池类型
- d13.电池顺序

e.包围/闪光
- e1. 闪光同步速度
- e2. 闪光快门速度
- e3. 内置闪光灯闪光控制
- e4. 闪光曝光补偿
- e5. 模拟闪光
- e6. 自动包围设置
- e7. 包围顺序

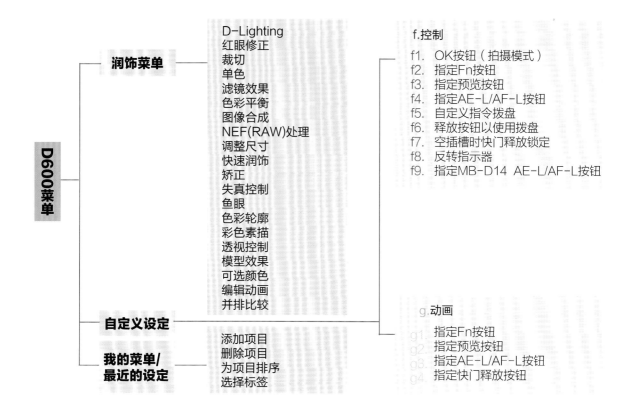

D600菜单

- 润饰菜单
  - D-Lighting
  - 红眼修正
  - 裁切
  - 单色
  - 滤镜效果
  - 色彩平衡
  - 图像合成
  - NEF(RAW)处理
  - 调整尺寸
  - 快速润饰
  - 矫正
  - 失真控制
  - 鱼眼
  - 色彩轮廓
  - 彩色素描
  - 透视控制
  - 模型效果
  - 可选颜色
  - 编辑动画
  - 并排比较
- 自定义设定
- 我的菜单/最近的设定
  - 添加项目
  - 删除项目
  - 为项目排序
  - 选择标签

f.控制
- f1. OK按钮（拍摄模式）
- f2. 指定Fn按钮
- f3. 指定预览按钮
- f4. 指定AE-L/AF-L按钮
- f5. 自定义指令拨盘
- f6. 释放按钮以使用拨盘
- f7. 空插槽时快门释放锁定
- f8. 反转指示器
- f9. 指定MB-D14 AE-L/AF-L按钮

g.动画
- g1. 指定Fn按钮
- g2. 指定预览按钮
- g3. 指定AE-L/AF-L按钮
- g4. 指定快门释放按钮

播放菜单

　　Nikon D600的播放菜单主要是安排播放照片时的各项设定，包括显示照片的信息、删除照片的方式、幻灯片播放设定和照片打印设定等，全都可以按照摄影师的喜好安排，我们在这里会详细介绍每个设定项目，让用户更容易设定D600的播放菜单。

删 除

　　摄影师可以选择删除照片，删除时，可一次性删除所有照片，也可删除部分照片。其实删除照片对摄影师来说，是件危险的事，所以建议最好每次只删除一张照片，若一次删除多张照片，就有可能会错误删除，所以应极度小心。而用户也可以配合照片保护功能，将不想被删除的照片加上保护，确保不会错删。在机身左侧还有独立的照片删除键，作用和此播放菜单中的删除功能相同。

播放文件夹

在这个菜单中，我们可以设定D600播放照片的文件夹。由于储存卡中储存了多个文件夹，而D600也会创建自己的文件夹。为避免播放照片时出现混乱，我们可以设定D600播放哪些文件夹的照片。例如我们可以设定播放D600创建的文件夹里的照片，或者播放所有文件夹中的照片。我们建议设定为播放所有文件夹的照片，因为在播放时，摄影师希望尽量看到所有照片，除非有特别需要，想指定播放某个文件夹的照片，否则建议用户设定播放所有文件夹，这样比较方便。

隐藏图像

所谓隐藏图像功能，就是摄影师将一些不想让别人看到的照片加上隐藏功能设定，使照片不能在相机上播放。经过隐藏的图像，只可以在"隐藏图像"菜单中看到，而且不可删除。而这个隐藏图像选项，主要是让用户设定播放照片时，是否将隐藏照片一并显示。这个选项是否需要开启，应按摄影师的使用习惯而定，如果摄影师经常用到隐藏功能，就应设定不显示隐藏图像。

播放显示选项

每次播放照片，在LCD屏上除了可以看到影像，还可以看到很多信息，包括各项照片的拍摄信息和直方图等。在此选项中，我们还可以设定D600播放时是否显示高光、对焦点、RGB直方图和数据等。其实以上的信息对摄影师都十分重要，不妨将所有项目都一并选择，到播放照片时，就可清楚知道影像的相关信息。

D600可以提供RGB三色的直方图，很清楚地展示影像的明暗分布。

D600还提供了加亮显示功能。

D600显示每张照片的对焦点，方便用户了解焦点是否对准目标。

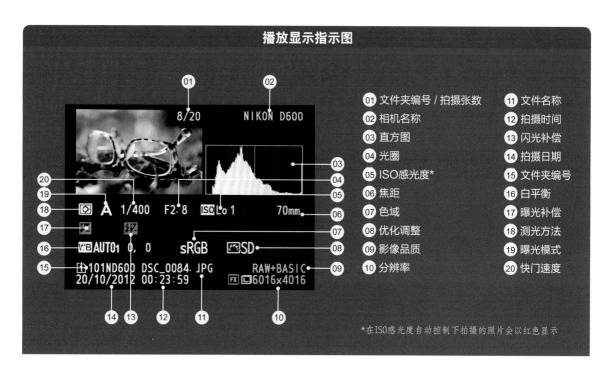

播放显示指示图

01	文件夹编号 / 拍摄张数	11	文件名称
02	相机名称	12	拍摄时间
03	直方图	13	闪光补偿
04	光圈	14	拍摄日期
05	ISO感光度*	15	文件夹编号
06	焦距	16	白平衡
07	色域	17	曝光补偿
08	优化调整	18	测光方法
09	影像品质	19	曝光模式
10	分辨率	20	快门速度

*在ISO感光度自动控制下拍摄的照片会以红色显示

复制图像

　　D600的播放菜单中新增了"复制图像"功能，因D600新设计了双卡槽技术，这一功能得到摄影师的青睐。往往在拍摄任务重的情况下，或是拍摄文件重要的情况下，这一功能就显得特别有用了。将照片从一张储存卡复制到另一张上，若目标储存卡上空间不足，将不会复制图像。复制动画之前，请确认电池已充满。目标文件夹中隐藏或受保护的文件将不会被替换。保护状态随图像一同复制，但打印标记不会被复制，且无法复制隐藏的图像。

图像查看

　　这个"图像查看"选项的默认状态是开启的。在选择开启时，每次拍摄完成后，D600都会马上播放当前所拍摄的照片。如选择关闭，则只可以通过按下机背上的播放照片按钮显示拍摄的照片。建议用户将这项设定为开启，因为实在没有特别理由关闭每次完成拍摄后的播放照片功能。

图像查看开启　　　　　　　　　　图像查看关闭

删除之后

这里是选择删除照片的次序，其选项共有三个，分别是"显示下一幅"、"显示前一幅"和"继续先前指令"。所谓"显示下一幅"，是指每次删除照片后，相机会自动显示下一幅照片；"显示前一幅"则是删除照片后，相机会自动显示前一幅照片；而"继续先前指令"，则是删除后，按照摄影师先前播放照片的顺序，自动显示照

片。这个设定并没有好坏之分，只需要完全按照用户的使用习惯设定即可。

旋转至竖直方向

这个设定在默认状态是关闭的，但建议不妨开启。开启之后，每次显示直接拍摄的照片，相机会自动扭正，方便摄影师查看照片。但我们必须在设定菜单中开启自动旋转影像，否则相机不会侦测摄影师是否进行竖直拍摄。

幻灯播放

在使用幻灯播放功能时，可以在D600的LCD屏上作幻灯片播放。在照片播放期间，我们也可以利用机背上的方向按钮，跳至上一张或下一张照片，也可以按下"MENU"按钮停止播放。

DPOF打印指令

在这个打印设定中，我们可选择将播放的照片在支持DPOF的器材中打印出来。如果取消全部选择，则可以停止打印功能。

拍摄菜单

Nikon D600的拍摄菜单的选项都是和照片设定有关的项目，我们可以在这个菜单中快速设定D600，包括白平衡、图像尺寸、图像品质、JPEG压缩和ISO设定等，由于每次拍摄都要设定好这些项目，所以我们应该对这个菜单非常清楚，在此我们会详细介绍此菜单的各个项目，包括应该如何调整，还有我们建议的设定方案，让用户在最短时间内了解这个菜单。

重设拍摄菜单

利用这项功能，摄影师可以重新设定拍摄菜单，也可以将其恢复到出厂状态。这项功能对那些喜欢经常改动菜单的摄影师特别有用，即使搞乱了拍摄菜单，也可以用这项功能恢复到出厂时的设定。

 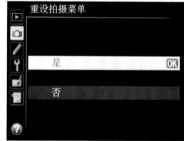

存储文件夹

这是挑选文件夹的功能，我们可以选择存储卡里面的文件夹，或者自定义一个信息文件夹，并加上合适的名称。注意，如果当前的文件夹编号为999，并包含999张照片或一张编号999的照片，快门将无法释放，所有用户在设定文件夹的名称时必须注意，编号要小于999，或者文件夹里面的照片要少于999张。

按下"OK"键完成操作并返回拍摄菜单（按下"MENU"键则可不更改存储文件夹直接退出）。若不存在指定编号的文件夹，将在主插槽的存储卡中新建一个文件夹。除非所选文件夹已满，否则今后所拍摄的照片都将存储在该文件夹中。

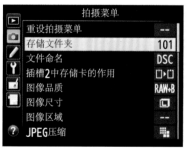 

文件命名

预设值为DSC，这是Nikon数码单反相机的预设数码照片文件的字头，摄影师可选择A~Z以及数字0~9作为新的文件预设字头，但仍然只能有3个字符。而D600拍摄sRGB及Adobe RGB照片会有不同的字头标示方法，例如sRGB是DSC_搭配4个数字，而Adobe RGB则是_DSC搭配4个数字。建议摄影师以自己姓名或常用英文作为影像的预设字头，方便识别。

插槽2中存储卡的作用

D600的插槽2中存储卡的作用为摄影师的创作带来了便利，它共有3个选项，"额外空间"、"备份"及"RAW插槽1-JPEG插槽2"。这样一来，摄影师就会很明确自己的照片将要怎样存储，怎样备份，怎样将照片格式分类存储于不同的存储卡中，以便自己在后期导片时能够清楚地知道照片存在何处。

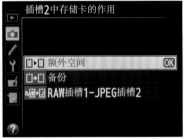

图像品质

D600提供了7种图像品质供用户选择，包括NEF(RAW)+JPEG精细、NEF(RAW)+JPEG标准、NEF(RAW)+JPEG基本，另外可以拍摄纯NEF(RAW)文件，摄影师也可以选择JPEG精细、JPEG标准、JPEG基本等不同格式的图像品质。一般摄影爱好者可以拍摄JPEG精细的文件，如要求高的话，则可选择NEF(RAW)+JPEG精细或者NEF(RAW)+JPEG标准的图像品质。如果只选择NEF(RAW)文件，由于没有JPEG

文件作预览用，在后期浏览上可能会遇到一些困难。

我们可以看到不同压缩率的JPEG文件的图像质量差别，如果用JPEG精细储存的文件，模型和天空交界没有出现不平滑的画面，而用最大压缩的JPEG基本，则可明显看到模型与天空交界的纯色部分不够平滑，因此，我们也要注意使用较低压缩率的JPEG精细储存。

| 原 片 | JPEG精细 | JPEG基本 | JPEG标准 |

图像尺寸

　　D600有FX和DX两种格式供选择，两者分别有3种图像尺寸，FX格式包括大（6016×4016，文件约24.2MB大小）、中（4512×3008，文件约13.6MB大小）和小（3008×2008，文件约6.0MB大小）3种。而DX格式也有3种图像尺寸，包括大（3936×2624）、中（2944×1968）和小（1968×1312）。无论摄影师选择使用FX还是DX格式拍摄，都建议使用最大尺寸，用尽相机像素。除非拍摄的照片只在网上使用，例如网站上摄影师拍摄的照片，只需要小一点的文件，图像缩小的影像也可以接受。但为了摄影创作，真的没有必要将影像尺寸缩小。

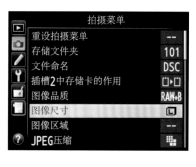

图像区域

　　D600采用FX格式的影像传感器，其面积达35.9mmX24mm，可选择的视角宽度与35mm（135）格式胶卷照相机所支持的一样，同时D600也允许用户以DX格式拍摄，只使用感光元件中23.5mmX15.6mm的面积。我们在这个图像区域的选项中，可以设定自动DX裁切开启或关闭，D600的原厂设定是开启。我们也建议使用自动DX裁切开启，因为在这项设定下，每次安装DX镜头时，相机都会自动转为DX裁切，避免使用DX镜头时，意外出现明显的四角失光现象。

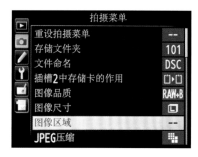

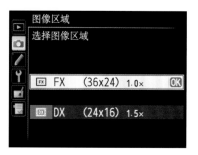

JPEG压缩

　　D600提供JPEG压缩方式的选择，分别有文件大小优先或最佳品质。选择文件大小优先时，所有文件都会压缩至相同大小；而选择最佳品质，则相机以影像质量为主要考量因素，而每张照片的大小都会不同。

　　建议摄影师选用文件大小优先的选项。

NEF(RAW)记录

　　D600的NEF(RAW)记录共有两个选项，包括类型及NEF(RAW)位深度。在类型选项下，有无损压缩、压缩或未压缩3个选择。而NEF(RAW)位深度选项，则让用户随意选择NEF(RAW)的位深度，分别有12bit以及14bit。D600也具备先进的14bit高质量影像，如对影像有相当高的要求，建议摄影师选择14bit位深度的图像。至于压缩方面，则可以选用无损压缩或未压缩，以免影响NEF图像的质量。

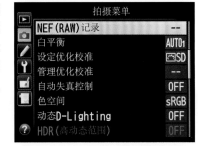

  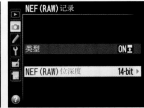 

将D600相机的NEF的位深度设置为14bit，保证拍摄到高质量的图像。

白平衡

D600提供9种白平衡的选择，分别有：自动、白炽灯、荧光灯、晴天、闪光灯、阴天、阴影等预设的白平衡，以及可选择色温或进行手动预设。对于大部分喜欢快拍的摄影师来说，选择自动白平衡是可取的，D600的自动白平衡还提供偏色微调，摄影师可设定相机的色彩倾向。D600的手动预设白平衡可为相机作d-0至d-4共5个设定，当摄影师设定手动预设时，也可以作色彩倾向的调整，以及输入英文大写、小写及数字的注解，方便摄影师日后重新选择之用。

自动白平衡　白炽灯白平衡　荧光灯白平衡

晴天白平衡　闪光灯白平衡　阴天白平衡　阴影白平衡

手动白平衡拍摄的照片，可以很真实地还原影像色彩。

设定优化校准

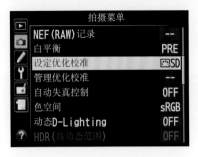

D600提供多种优化校准选择，分别有标准（SD）、自然（NL）、鲜艳（VI）、单色（NC）、人像（PT）、风景（LS）和用户自定C-1等优化校准选项，其中用户自定的优化校准需要用户自行设定照片风格，然后储存在D600中。

一般用户可以使用D600自设的优化校准，包括标准、自然、鲜艳、单色、人像、风景。对于今后进行后期处理，例如用Photoshop调整照片的摄影师来说，"标准"是一个较合理的选项。至于拍摄那些即拍即用的图像，特别是放在网络上使用的图像，"鲜艳"似乎是一种相当不错的设定。至于"单色"设定，其实就是拍摄黑白照片，笔者建议喜欢拍摄黑白摄影的朋友，最好在后期制作时才把影像由彩色转为黑白，这将会获得较佳

的效果，只有需要即拍即用的黑白影像，才使用"单色"的设定。在D600中设有"人像"和"风景"功能，顾名思义，"人像"适合拍摄制作纹理自然、肤质圆润的人像照片；而"风景"则用于拍摄生动的自然风景和城市风光照片。

无论标准、自然、鲜艳、人像、风景均提供快速调整的项目，分别可细微调整照片的锐化、对比度、亮度、饱和度及色相等。由于这些调节并没有一定的准则，摄影师可以根据自己的喜好进行影像调整。但由于不同的影像调整将导致所拍摄照片出现不同的效果，建议如没有太大的需要，无需进行个别调整，保留相机的预设便可以了。

至于"单色"影像的设定，则分别有0~9共10级锐化的设定、5级对比度的设定、3级亮度可作调整。其中0是标准的对比度，亮度可作+1~-1的选择。

最精彩的就是D600的单色影像设有滤镜效果，可以模拟传统黑白的滤镜，用户分别可选择DFF关闭滤镜效果，以及Y黄色滤镜效果、O橙色滤镜效果、R红色滤镜效果和G绿色滤镜效果。

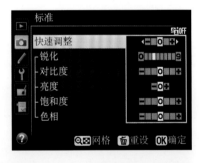

标准

自然

鲜 艳

单 色

人 像

风 景

管理优化校准

管理优化校准就是让我们自定喜欢的照片风格，再设定名称并储存下来，每次需要使用时，就可以在照片设定优化校准的用户自定选项中找到。例如，我们可以在"标准"的基础上，改变其锐度、对比度、亮度等选项，再另存为新的选项，名称可由用户自设。用户还可把相机的优化校准储存到存储卡中，方便地转载到其他D600相机中，所以，把自己设的优化校准另存给朋友使用，十分方便。

拍摄菜单	
NEF (RAW) 记录	--
白平衡	PRE
设定优化校准	SD
管理优化校准	--
自动失真控制	OFF
色空间	sRGB
动态D-Lighting	OFF
HDR (高动态范围)	OFF

自动失真控制

D600选择开启自动失真控制，可减少使用广角镜头所拍照片中的桶形畸变和使用长焦镜头所拍照片中的枕形畸变（请注意，取景器中可视区域的边缘在最终照片中可能会被裁切掉，并且开始记录前处理照片所需时间可能会增加）。该选项不会用于动画，且仅适用于G型和D型镜头（PC、鱼眼镜头及其他镜头除外）；使用其他镜头拍摄时的效果不予保证。

拍摄菜单	
NEF (RAW) 记录	--
白平衡	PRE
设定优化校准	SD
管理优化校准	--
自动失真控制	OFF
色空间	sRGB
动态D-Lighting	OFF
HDR (高动态范围)	OFF

色空间

D600提供sRGB及Adobe RGB两种色彩空间的选择。如拍摄需要出版的照片，最好选择拍摄Adobe RGB，它能记录较宽的色彩空间，特别是对绿色的表现。拍摄直接打印或者在网上观赏的照片，应该选择sRGB，在一般屏幕或者打印机输出时，有较佳的色彩表现。我们建议用Adobe RGB拍摄，因为色域更宽阔，能记录更多的影像信息，在后期处理时效果更理想。

动态D-Lighting

D600 提供 5 个 D-Lighting 设定选项，包括自动（A）、增强（H）、标准（N）、柔和（L）及关闭。D-Lighting 是很好用的功能，能把影像的动态范围表现扩大，令暗部有较佳的层次，所以建议使用。如果用户不需要特别设定 D-Lighting 的强度，可以选择自动，让 D600 自行调整 D-Lighting，而选择增强、标准、柔和，摄影师则需根据需要来设定。

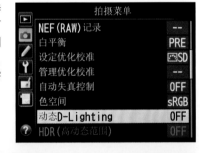

自动

极高

高

标准

低

关闭

HDR（高动态范围）

D600 拍摄菜单中添加了 HDR（高动态范围），HDR 可将两次曝光组合成单张照片，用以捕捉从暗部到亮部广泛范围的色调（即使对高对比拍摄对象也不例外）。与矩阵测光一起使用时，HDR 效果最为显著（与其他方式一起使用时，曝光差异自动相当于约 2EV）。HDR 无法记录 NEF（RAW）图像。

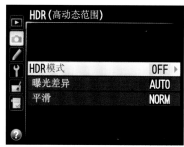

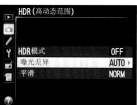
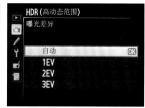

暗角控制

"暗角"是一种照片边缘变暗的现象。D600非常先进，在拍摄时可以控制暗角情况，如果用户使用D型或G型镜头（不包括DX和PC镜头），D600就能有效减除暗角。这里有4个选项供用户使用，包括高、标准、低及关闭。每支镜头的暗角情况不同，我们要注意D600的暗角控制是否适当，建议使用标准的暗角控制，用户要不时地留意暗角强度是否过分，以免影响影像质量。

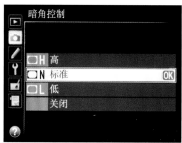

长时间曝光降噪

D600提供减少长时间曝光降噪功能，当摄影师开启这项功能的时候，相机就可以在长时间曝光时，自动尽量清除噪点，但影像储存的时间会因为处理噪点而有所延长。因此，摄影师可以考虑把减少长时间曝光噪点的功能关掉。在连拍释放模式下，每秒幅数将降低，并且在照片处理期间，内存缓冲区的容量将减少。动画录制过程中，长时间曝光降噪功能不可用。

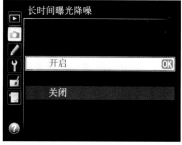

原片

关闭

开启

高ISO降噪

D600 除了长时间曝光时会出现噪点外，使用高 ISO 拍摄时产生的噪点，也是让摄影师非常讨厌的事情，D600 在控制噪点上有极佳的表现，这是减少高 ISO 噪点功能的作用，建议摄影师可以选择"NORM"开启（标准）。如果经常拍摄高 ISO 影像的摄影师，也可以使用 High（高）开启的选择。

ISO感光度设定

摄影师可以在拍摄菜单内设定 ISO 感光度。D600的ISO由100至6400，在特殊情况下可设为ISO100低0.3至1EV和比ISO6400高0.3至2EV的值。ISO感光度越高，曝光时所需光线就越少，使用户可以使用较高的快门速度或较小的光圈来拍摄。通过按下ISO按钮，旋转主指令拨盘直至控制面板或取景器中显示所需设定，即可调整ISO感光度。

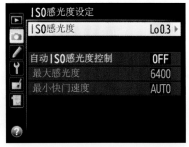

多重曝光

多重曝光在传统胶片相机上是在同一格胶片中进行多次曝光。在数码影像中，其实并不存在同一格胶片中进行多次曝光的事实，D600可以把多次曝光合并为一个影像，模拟多重曝光的效果。在多重曝光的设定中，摄影师可以自选拍摄2~10张照片，还可以设定自动增益的效果，将个别曝光不足的影像亮度提高。

间隔拍摄

D600照相机可在预设的间隔下自动拍摄照片。间隔拍摄无法与长时间曝光（B门拍摄）、即时取景或定时拍摄组合使用，且在动画即时取景或自定义设定 g4（指定快门释放按钮）选为录制动画时不可用。当执行间隔拍摄时，您可播放照片并随意调整拍摄和菜单设定。在每个间隔的大约4秒之前，显示屏将自动关闭。

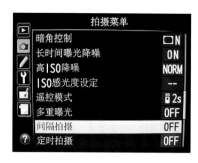

自定义设定

Nikon D600具备强大的功能，让摄影师按照自己的需求设定相机，为了让用户更好地对相机进行细致的调控，D600有详尽的用户设定菜单，其内容包括自动对焦设定、测光/曝光功能设定、闪光模式控制和各个按钮的功能等。这个用户设定菜单的调控项目很多，如果用户不能清楚地认识每个项目的效果，就很难用好D600相机，所以我们在这里会详细介绍D600的用户设定菜单。

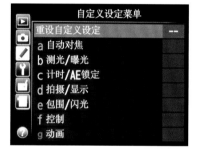

重设自定义设定

D600的"自定义设定"以不同组合储存在4个库中。对一个库中设定的更改不会影响到其他的库，若要存储常用设定的特定组合，请从4个库中选择一个为自己的相机作设定。即使关闭照相机，新设定的资料将存储在库中，只要在下一次开机时选择"恢复"即可。在其他库中可以存储设定不同的组合，用户通过从菜单库中选择合适的库，便可以在组合之间进行即时切换。摄影师通常有一些既定的拍摄习惯，利用这一功能，可就不同的题材进行不同的用户设定，方便快速启动相关的用户设定。

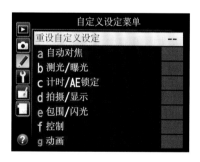

a 自动对焦

在自动对焦的大项目中，D600提供了7个关于自动对焦的选项，有a1到a7，细致地控制着D600的各个对焦设定，让用户更好地了解这些设定。

a1 AF-C优先选择

当D600在取景器中选择了AF-C时，该选项的功能是可控制在每次按下快门释放按钮时都可拍摄照片（快门释放优先），还可控制仅当照相机清晰对焦时才可拍摄照片（对焦优先）。无论选择了哪种选项，自动对焦模式选为AF-C时，对焦都不会锁定，照相机将连续调整对焦，直至快门释放。

拍摄足球场上奔跑中的运动员，应该使用AF-C模式，我们不妨把对焦模式优先设定到快门释放加对焦选项下，令对焦更准确。

a2   AF-S优先选择

当在取景器中选择了AF-S时，该选项的功能是可控制在单次伺服AF下，仅当照相机对焦清晰时才可拍摄照片（对焦优先），还可在每次按下快门释放按钮时都可拍摄照片（快门释放优先）。无论选择了哪种选项，若在自动对焦模式选为AF-S时，显示对焦指示，对焦将在半按快门释放按钮期间锁定。

如果拍摄风景、建筑物等景物，我们一般使用单次对焦，此时，使用快门释放优先或对焦优先，比较理想。

a3　锁定跟踪对焦

　　Nikon相机自F5以来便有锁定式跟踪对焦功能，当主体在对焦时，短暂被其他障碍物遮挡，相机可以重新追踪对焦。在D600上，可以选择长、标准、短3种模式，预设值为标准。

　　当摄影师拍摄一些主体有可能较长时间被遮挡的情况时，可选择长时间的锁定跟踪对焦，如认为标准时，则可以选择用短的模式。

　　对于大部分已熟悉 Nikon F5的用户来说，可以选择标准的锁定跟踪对焦。此外，D600还可以把跟踪对焦关闭，当关闭时，相机便会提供更加快速的跟踪对焦。因此，当拍摄一些没有障碍物的迅速移动主体时，应先把锁定对焦功能关闭。

开启锁定跟踪对焦功能，在没有障碍物的情况下。　　开启锁定跟踪对焦功能，前景中有障碍物也能清晰对焦。

a4　AF点点亮

　　D600的取景器内的AF点，可以用黑线或者红光表示其AF位置，若设定在自动时，相机会按照画面的亮度自动给予黑线或者红光显示，而DX裁切会用方框显示。如设定为开启，相机取景器内的AF点永远会以红光显示，如关闭的话，只会以黑框作示意，此时的DX裁切也是用黑框显示。我们也可以选择关闭照片AF点，此时DX裁切以外的部分用半透明表示。这个选择主要取决于摄影师的习惯，有些摄影师认为永远显示红光令对焦点较为清楚，但有些摄影师则认为在取景器内不时有红光闪烁会妨碍对画面的判断，这点实在是见仁见智的。

a5　对焦点循环方式

　　由于D600的对焦点分布在画面内不同的位置，当利用对焦点选择按钮时，所选的对焦点便会随按钮的动作向左、向右、向上、向下移动。当选择循环设定时，如对焦点移动到画面边缘下方，便会在另一端重新出现；当选择不循环的时候，如对焦点到达边缘，便不能再移动。

　　选择循环的对焦点，摄影师能方便、快速、有效地设定对焦点，但对一些摄影师来说，也会由于没有了对焦点范围的框架，觉得设定对焦点较为难以掌握，而倾向选择不循环，这点主要取决于摄影师的习惯，没有哪种更好之说。

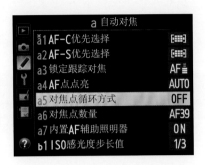

a6　对焦点数量

　　这还算一个适合用手动选择对焦点的设定，虽然D600共有39个对焦点，但对一些摄影师来说，当要用手动选择时，39个对焦点可能太过精密，或者太多。因此，除了预设的39个对焦点外，D600还有11个简洁AF点分布供摄影师选用。当选用AF 11的时候，11个对焦点会分布在大致和39个对焦点相同的对焦范围内，只是没有39个对焦点那样分得精细，只用于快速调整。对于大部分摄影师而言，如拍摄人像或者一些较大主体的时候，相信11个对焦点已足够应付。

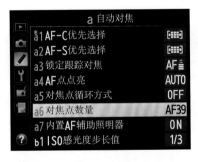

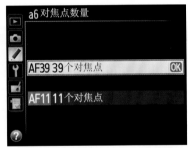

a7　内置AF辅助照明器

　　在D600机身的手柄旁边有一个圆形的AF辅助照明灯，如设定为开启，那么在光线不足的环境下拍摄，且相机难以进行自动对焦时，这个照明灯便会自动亮起，射出光束照向被拍摄对象，让D600能够自动对焦。但这项功能只有在单次伺服对焦（AF-S）及AF区域模式设定为自动区域时，或者选择了单点或动态区域AF，并选择了中央位置作为对焦点时才可使用。当选用了关闭自动对焦辅助照明灯时，D600在任何情况下均不会亮起照明灯。D600的辅助照明灯适用于24~200mm的镜头，有效范围为0.5~3m，使用时，建议在镜头上安装了遮光罩的朋友先把遮光罩除掉。此外，对于拍摄即时照片的摄影师来说，在较暗的公共场所拍摄时，如突然亮起AF自动辅助照明灯，场面会相当尴尬，建议纪实摄影师在公共场所拍摄时，还是关闭此功能为好。

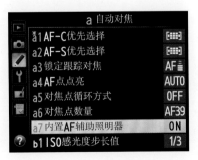

b 测光/曝光

很多用户很重视曝光控制，D600有5项和测光/曝光相关的精细调控，包括曝光补偿、测光模式、ISO设定等，这些控制对影像质量关系重大。为了获得理想影像，我们必须了解这5项设定。

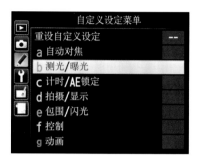

b1 ISO高感光度步长值

D600可以让用户自行设定ISO感光度，以1/3和1/2作设定。预设值为1/3级，摄影师也可自选1/2级。

由于以1/3级改变ISO会获得较精细的设定及控制，所以，建议摄影师尽可能以1/3及作D600的设定值。但是，对于很多摄影师来说，通常以习惯的整级ISO进行调整，例如ISO100、ISO200、ISO400、ISO800、ISO1600、ISO3200，所以也可把ISO感光度设定为1/2级进行调整。

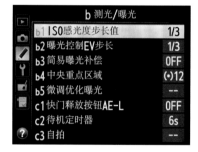

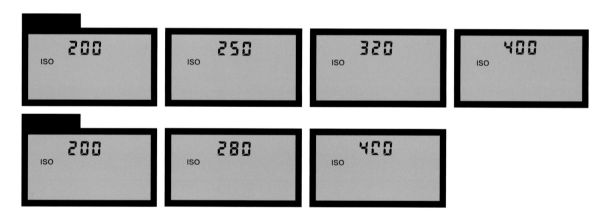

b2 曝光控制EV步长

和ISO的级别设定一样，EV的设定也可以选择1/3和1/2调整，其中1/3级为预设值。对曝光控制来说，1/3级会较为精细，而且经常用得着；1/2级的曝光调整会导致曝光结果变化较大。因此，强烈建议用户把EV的设定保留预设的1/3级。

1/3级与1级调整的分别

1/3级曝光调整

如果我们比较1/3级和1级曝光调整，可以发现1/3级曝光调整可以非常细致，比1EV调整更加好用，因此我们建议用户将这项曝光操控的EV等级设定在预设的1/3级。

1级曝光调整

b3　简易曝光补偿

相机的曝光补偿未必能够为摄影师带来100%随心所欲的曝光效果，或者摄影师对影像的曝光有偏好，因此需要在拍摄时随时随地、灵活地调整曝光补偿。

在这个选项下，可有开启（自动重设）、开启及关闭3个选项可供摄影师选择。当关闭时，相机提供正常的曝光补偿调整方法，即需要按下机身手柄上的"+/-"按钮，同时旋转机背上的指令拨盘设定加/减曝光。

当选择了开启（自动重设）或者开启时，摄影师便可以随时旋动转盘或副指令拨盘（取决于所使用的自动曝光模式及在f7选项上的设定），只是用"开启（自动重设）"时，用于设定曝光补偿的拨盘取决于自定义设定f5中的所选项。至于选择了"开启"的选项时，则保持长时启用简易曝光补偿功能。

b 测光/曝光	
b1 ISO感光度步长值	1/3
b2 曝光控制EV步长	1/3
b3 简易曝光补偿	OFF
b4 中央重点区域	(•)12
b5 微调优化曝光	--
c1 快门释放按钮AE-L	OFF
c2 待机定时器	6s
c3 自拍	--

b4　中央重点区域

该选项用于偏重中央平均测光时中央测光位置所占的重点范围的直径，预设值为8mm，是Nikon惯用的直径范围。在这个选项中，摄影师可把这个直径改为12mm、15mm或者20mm，甚至可以把偏重中央平均测光改为全画面的平均测光。

这个选项只适用于配合有CPU的Nikkor镜头，至于一些旧式的Nikon镜头或者是没有配备CPU的其他镜头，则可以固定为预设的8mm。无论8mm、12mm、15mm还是20mm，其实都没有特别的优势，选用不同的直径，取决于摄影师的习惯，所以，如没有特别的需要，建议使用预设的8mm。

至于全画面的平均测光，则不建议使用，原因是整个画面的平均测光早已在几十年前已被证明是不切实际的，所以，后来才发展出偏重中央平均测光的模式，以解决整

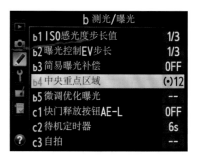

个画面边缘位置的光线准确度，例如背景的天空的亮度对主体的测光的影响。

b5　微调优化曝光

微调优化曝光是微调相机所选的曝光值。更改这项设定后，相机的曝光补偿不会显示其修改，用户要进入菜单查看修改结果，由于此项修改其实和直接作曝光补偿的效果相同，建议用户应优先选用调整曝光补偿。

什么时候用微调优化曝光？相机的反射式测光所得的数据取决于所拍摄景物的反射率，同一光源下颜色深浅不同的主体会得出不同的数据。理论上反射测光以18%的反射率为准，但时下不少相机都会有自己的"配方"，因此会有一定范围的"曝光风格"的出入，若相机可以让摄影师为曝光多少作出永久性的微调，拍出的照片便会更切合摄影师的个人风格。过去，不少摄影师在拍摄彩色幻灯片时，都喜欢减少1/3EV曝光令色彩更浓烈，但拍摄给业余人士看的照片则倾向要求影像多一点曝光，让照片明亮一些。

c 计时/AE锁定

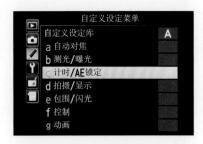

很多用户对这个计时/AE锁定的项目控制并不重视，其实这是非常有用的控制功能，例如为了拍摄顺利，我们经常在曝光后马上查看照片，但有些朋友没有设定好照片的显示时间，每次曝光完成后显示屏马上就关闭了，其实我们只要在计时/AE锁定里设定就可以了。这个大项包括了AE-L的控制、待机定时器、自拍时间延迟、LCD屏关闭时间和遥控控制时间等。

c1 快门释放按钮AE-L

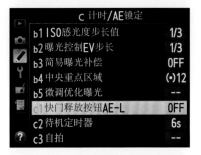

在这个选项下，如开启快门释放键加AE-L，就会将快门键加入AE-L的功能，但D600在原厂设定上，快门释放键是没有AE-L的。这是由于现在的相机在机背上加入了AE-L/AF-L键，加上SLR进入了AF的年代后，快门释放键还担当了AF-L的角色，因此其快门键没有AE-L功能。但对于传统的摄影师来说，建议开启这项快门释放键加AE-L的功能，重新为快门释放键加入AE-L的设定。

没有采用AE-L，因为背光照片，出现曝光不足。　　使用AE-L拍摄，照片的曝光较为理想。

c2 待机定时器

 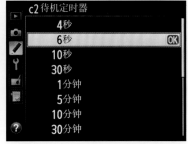

这个选项下有4秒至无限的选择，原厂设定为6秒。这个选项下，摄影师可选择把自动关闭测光系统的时间由预设的6秒改为4秒、6秒、10秒、30秒、1分、5分、10分、30分、无限时间。

当D600安装了另外选购的EH-5a交流电配件时，由于长时间以交流电供电，所以相机会自动改为无限延迟选择。

c3 自 拍

自拍是一种俗称，D600预设的自拍时间是10秒延迟，这是单反相机自拍的传统延长时间，在这个选项中，摄影师还可以选择设定2秒、5秒、20秒的延迟。一般来说，以三脚架固定相机拍摄微距景物，通常摄影师会以2秒延时，避免按快门的动作震动相机，至于10秒延时，适合于大多数的自拍动作，若觉得10秒的时间不够足，则可以把设定改为20秒。

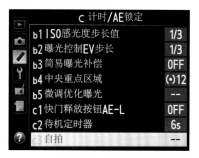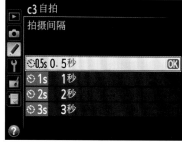

c4 显示屏关闭延迟

由于机背上的屏幕会耗用相当多的电量，因此，相机预设以20秒作为显示的时限，若要省电，可以把时间改为10秒，若为了方便摄影师的操作习惯，可考虑把延迟屏幕关闭的时间由预设的20秒改为1分钟，甚至5分钟。至于10分钟的延迟关闭显示屏的时间，应该较少会用到。因为，摄影师在拍摄过程中长时间把显示屏打开，会导致耗用大量电能。但当D600以EH-5a或EH-5 AC变压电供电时，无论原本设定是什么，相机也会自动设定更改为10分钟。

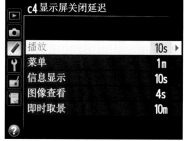

c5 遥控持续时间

选择遥控释放模式时，照相机将维持较长的待机时间。若在指定的时间内未对照相机执行任何操作，遥控拍摄将会结束且曝光测光将关闭。为增强电池持久力，请选择一个合适的时间。若要在计时器时间耗尽后重新激活遥控模式，请半按照相机快门释放键。

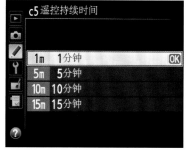

d 拍摄/显示

要想让相机更贴心，一定要注意功能细节的设定，其中一个"拍摄/显示"的设定共有11项设定，包括了LCD照明、文件顺序、低速连拍设定、曝光延迟模式等。虽然这些设定对照片质量影响不大，但如果我们设定得好，可以让D600更好用，更灵活。

d1 蜂鸣音

当D600在单次AF时，合焦就会发出"哔"一声的蜂鸣音，在相机自拍时，也会发出蜂鸣音，摄影师可以设置蜂鸣音的音量，甚至可以把蜂鸣音关掉，这均取决于摄影师的习惯和环境的需要，例如一些严肃的环境，如教堂、博物馆，以及在不适合公开拍摄的场合偷拍时，蜂鸣音都会为摄影师带来不便及麻烦，建议在这些情况下，应关闭蜂鸣音。至于其他正常拍摄情况下，不论用哪种蜂鸣音，高、低均不会给拍摄带来较大的影响，而且在单次AF时，以蜂鸣音为摄影师作提示是一项相当好的设定，因此，不建议关闭蜂鸣音。事实上，D600预设的蜂鸣音值就是高，可见这是一个相当流行的设定。

d2 取景器网格显示

在这个选项中，预设值是"关闭"。摄影师可考虑开启此项功能，在取景器中显示一组4×4格的网格，即在画面垂直及水平方向上均画上3条线条，方便摄影师作构图参考之用。对经常拍摄相当讲究水平及垂直照片的摄影师而言，开启这个功能，对快速构图有相当大的帮助。如果使用DX裁切模式，这个格线就不会显示。

在D600的取景器上显示格线，对构图有帮助。

d3 ISO显示和调整

当D600选择了显示ISO感光度或显示ISO/快捷设定ISO,ISO感光度将取代剩余可拍摄张数显示在控制面板上。若选择了显示ISO/快捷设定ISO,ISO感光度可通过旋转副指令拨盘（曝光模式P和S）或主指令拨盘（模式M）进行设定。

d4　屏幕提示

这项功能是启动D600的低电量警告，当电力较弱时，在取景器左下的部分会显示闪动的低电量符号，当摄影师看到这个符号时，就会警觉电池快耗尽了。

这项功能对于需要在一天内拍摄大量的照片者，例如在旅途中需要长时间大量拍摄，或者进行长时间摄影工作的朋友，很有用，因为一旦电量不足，对摄影工作有相当大的影响。

d5　CL模式拍摄速度

在相机左边的拍摄模式上，可选择D600的拍摄速度模式，例如有单张（S）、低速连拍（Cl）、高速连拍(Ch)，此设定就是用作确定Cl模式的连拍速度，相机的预设值是每秒拍摄3张。摄影师可以自选1张至5张（使用MB-D10可提供1张至7张），有相当大的宽容度。其实，在D600的高速连拍模式下，并配合MB-D10电池盒时，可提供最高5张的连拍速度。因此，摄影师为方便自己在高速连拍和单张之间作出一个平衡，建议摄影师还是把低速连拍设定在3张较为合适，至于仅比单张略快一点，不用也罢。

3张连拍

5张连拍

d6　最多连拍张数

D600可以让摄影师自己设定连拍影像次数的上限，可设定数字由1到100。摄影师通常不会限制自己连拍次数，因为连拍的数目由摄影师按快门的手指决定，摄影师想停止连拍，只需把手指松开便可以

了，所以，最多连拍快门释放次数设定为较低的数目通常不被采用。数码单反相机不断改进，缓存容量的提升，就是希望连拍拍摄的次数可以不受存储卡的存储速度限制。

d7　文件编号次序

D600和其他的Nikon数码单反相机一样，摄影师可以自选文件编号是否连续。所谓连续编号是指数码单反相机每拍一个文件，便会以上一次拍摄的编号加1作为文件的

编号，当拍满一张存储卡换另一张存储卡时，编号会自动接上。如果拍摄至编号999的，相机便会自动开启建立新的文件号，并会从001作为开始的编号。

d8　信息显示

在机背LCD屏旁边有一个"INFO"按钮，一按下它，便会把机顶LCD屏上的信息显示在机背的3.2英寸LCD屏上。若选择自动时，D600便会根据现场的明暗，

将3.2英寸LCD上的字体自动转变为黑色或白色，也可以选"B"，光亮时用暗字体，或选"W"，黑暗时用明亮字体。

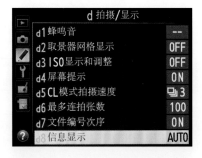

d9　LCD照明

D600预设的选项是关闭LCD照明，在这个选项中，如关闭LCD照明，只有把相机开关推到照明灯指示符号位置，LCD才会发亮，如果长期将LCD照明开启，会耗用不必要的电量。因此，我们建议此选项保持关闭状态，让用户在有需要时自行选择LCD照明，方便使用。

d10 曝光延迟模式

这个曝光延迟模式是方便摄影师用三脚架拍摄放大率较高的景物时使用的，预设的选项是当曝光模式开启时，摄影师按下快门，相机会延迟约1秒才正式拍摄，避免按快门的动作影响相机的稳定性，但这个选项并不适用于手持拍摄的题材。

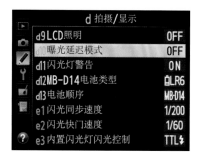

d11 闪光灯警告

若选择了开启，当需要使用闪光灯以达到最佳曝光时，闪光预备指示灯将在取景器中闪烁。

d12 MB-D14电池类型

由于MB-D14可以放入不同类型的AA电池，分别有碱性电池、镍氢电池、锂电池及镍锰电池等。这些不同类型的AA电池，会有不同的电压或电流量，为使D600能够正常工作，建议摄影师把所常用的电池类别在这个选项中告诉D600。

若所需要的并非AA电池，而是Nikon原厂的EN-EL3或者EN-EL4a/EN-EL4电池等，则无需在这个项目上作任何设定。如果设定错误，可能会导致严重的后果。建议摄影师固定使用某一类型的AA电池为好，把所有的电池设定好，当每次更换AA电池时，便不需要考虑所使用的AA电池的类别，减少设定的麻烦。

虽然MB-D14可使用AA电池，但请小心使用AA电池的种类，由于消费者普遍相信电量较高的碱性电池能提供较长的拍摄时间，但对于D600来说，只有在别无选择的情况下，才使用AA电池，若真的需要使用AA电池，最好还是用锂电池或者镍氢电池，当然，最好的还是用D600专配的原厂专用电池。

d13 电池顺序

摄影师可以选择先使用电池手柄MB-D14内的电池，或者先使用相机的电池。D600的预设选项是先使用MB-D14内的电池，当电池手柄内的电池完全耗尽后，才开始使用D600内的电池，用户也可按照使用习惯来定，但不妨先用尽手柄MB-D14的电池，再用相机电池。

e 包围/闪光

Nikon D600对闪光灯的控制非常细致。我们设定时，一般都会使用到这个"包围/闪光"的大项，其中包括了设定闪光同步速度、闪光快门速度和内置闪光灯闪光控制等。用户一旦要使用D600的闪光灯，最好将这个项目中的设定光控制好。

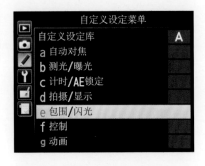

e1 闪光同步速度

D600共有9种闪光灯同步速度可供摄影师调整，预设值为1/250秒。当摄影师需要进行慢速同步闪光时，例如在室内或者夜间拍摄，希望尽量摄取现场光线，应该选择降低速度的闪光同步速度，例如D600提供最慢至1/60秒闪光同步速度。

此外，D600还提供了两个有自动FP（自动高速闪光同步）的设定，分别有1/320秒自动EP及1/250秒自动EP。当配合SB-900、SB-800、SB-600及SB-R200闪光灯时，快门速度将自动设定1/320秒或1/250秒，假如相机使用的曝光模式是P或A,而自动快门速度高于1/320秒或1/250秒时，相机便会自动启动闪光灯的EP高速闪光同步快门。对于在日光下利用闪光灯进行补光，或者要求尽量提升快门速度以达到可以使用较大光圈而获得浅景深的照片，

则应该尽量选用1/320秒的自动EP闪光同步速度。

e2 闪光快门速度

D600预设的最慢自动闪光同步为1/60秒。对于需要在有现场光的环境下拍摄具有现场感的照片时，1/60秒的快门应该是高速度了。摄影师可以选择把最慢自动闪光灯自动快门调低至1/30秒、1/15秒、1/8秒。事实上，D600可以让摄影师把最慢自动快门速度调慢至1/40秒~30秒。

建议摄影师尽可能把最慢自动闪光同步设定于一个自己肯定能够稳定清晰拍摄的慢速快门，一般人通常会选择1/15秒左右。

闪光快门速度设定

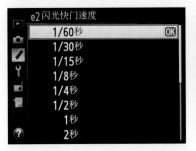

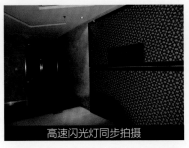

高速闪光灯同步拍摄

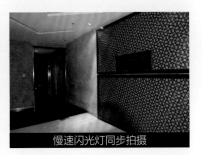

慢速闪光灯同步拍摄

e3 内置闪光灯闪光控制

这里是让用户设定内置闪光灯的闪光模式，共有4个选项，包括TTL闪光、M手动、RPT重复闪光以及指令模式。其中TTL模式是比较合理的闪光模式，建议用户常设定此模式；M手动模式可以让用户任意改变闪光灯模式；而重复闪光则是在快门开启后，相机内置闪光灯会发出多次闪光，并可以设定闪光量输出的次数及频率，即每秒闪光的频率。由于重复闪光是拍摄特殊效果的一种技巧，对于闪光灯的控制，是有窍门的，需要经过试拍才能掌握，才会准确。

e4 闪光曝光补偿

此功能用于当使用曝光补偿时，照相机如何调整闪光级别。

当选择整个画面时，可同时调整闪光级别和曝光补偿来调节整个画面的曝光。当仅选择背景时，曝光补偿只应用于背景。

使用闪光灯曝光补偿拍摄

e5 模拟闪光

模拟闪光就是所谓的造型灯，当使用D600的内置闪光灯或另购的SB-900、SB-800、SB-600、SB-R200闪光灯时，如按下机身上的景深预览键，闪光灯便会即时发出极频密的闪光，用以模拟造型灯的照明效果。

D600预设开启这种功能，摄影师也可以选择关闭这个功能。但是，由于数码相机是即拍即看的一种极方便的拍摄工具，所以灯光照明效果只要轻按快门便在机背的大型LCD屏上一目了然。

e6 自动包围设定

D600提供5个自动包围曝光选项，分别是"自动包围曝光和闪光灯"、"仅自动曝光"、"仅闪光"、"白平衡包围"、"动态D-Lighting包围"。"自动包围曝光和闪光灯"将执行曝光和闪光级别包围；选择"仅自动曝光"仅执行包围曝光；选择"仅闪光"仅

执行闪光级别包围；选择"白平衡包围"将执行白平衡包围；选择"动态D-Lighting包围"则是使用D-Lighting执行包围。请注意，白平衡包围不适用于图像品质设为NEF（RAW）或NEF（RAW）+JPEG时。

e7 包围顺序

D600提供两种曝光设定的次序供摄影师选择，预设的次序是"正常曝光"、"曝光不足"和"曝光过度"。摄影师也可以把它改为从不足开始到正常，再到过度。其实预设值已是常用的包围方

式，但若要显示曝光次序不停变化，最好选用从曝光不足开始，再到曝光正常至曝光过度，这样就会清楚显示照片有曝光不足、正常、过度三种顺序的变化。

D600的包围曝光可以一次拍摄多张不同曝光的照片，确保有正确曝光的照片，这是经常使用的一项拍摄功能。

f 控制

这是Nikon D600中比较复杂的菜单，里面都是非常细致的按钮功能设定，例如LCD背光灯的功能、机背方向按钮的控制、AF-L/AE-L的用途以及FUNC键的安排等，由于D600的每个按钮都有很多功能，设定时选择很多，不清楚的话就会选择不当，拍摄也无法顺利进行。我们将详细介绍这个菜单的选项，让用户知道如何设定。

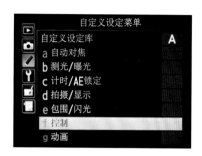

f1　OK按钮（拍摄模式）

选择拍摄过程中"OK"按钮所执行的功能：选择中央对焦点（RESET选择中央对焦点），加亮显示活动的对焦点（加亮显示活动的对焦点）或者不起作用（不使用）。

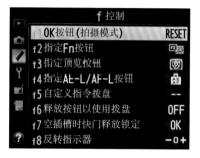

f2　指定Fn按钮

D600机身正面近手柄下方的旁边，有一个Fn键，那就是Fn功能键。摄影师可指定这个键的功能，不妨将一些常用的功能指定给这个键，以免浪费这个好设计。例如可以把这个键设为预览键、FV锁定键、AE/AF锁定键、仅锁定自动曝光、AE锁定、维持AE锁定、仅锁定自动对焦、闪光灯关闭、曝光包围连续拍摄、矩阵测光、偏重中央测光、重点测光、直接跳到"我的菜单"、实时显示、RAW文件记录、虚拟水平线和不执行任何功能等。

由于摄影师所关注的功能各异，他们可以根据自己最常用的需要为Fn功能键指派一项功能。

对经常快拍的摄影师来说，最好就是把这个功能键设定为重点测光。由于平常相机会以平均测光或者矩阵测光为主，一旦遇到极重要而光源复杂的场景，可以按Fn键，将其切换到重点测光功能，即时评估出画面最重要的亮度，这对快速拍摄是相当重要的。

另外，如果将Fn键设定为一按即拍RAW格式文件，也是相当不错的，因为我们可以在平时只设定拍摄JPEG，到有需要的时候才按下Fn键，变成拍摄RAW+JPEG。

此外，还可以把Fn键和转盘的功能组合起来，例如可以执行按下Fn键并转动转盘，作一级的快门调整，加快调整快门和光圈的速度。

我们也能将Fn键设定为启动非CPU镜头选择，对于经常使用非CPU镜头的摄影师，例如使用旧式的AI或AI-S的Nikon镜头，这是非常方便的设定。摄影师可以迅速按下Fn键并转动手柄或者机背上的指令盘，选择所有的镜头编号，令D600可以准确显示镜头的光圈。但这项功能对于不使用旧镜头的摄影师来说，并没有用。

至于自动包围曝光的设定，可以让摄影师按下Fn键并旋转功能键，设定包围曝光的张数及曝光的差异。

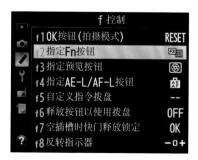

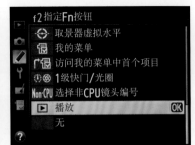

以下表中的功能相当特别，在D600中，选择Fn键所执行的功能。

选项	说明
预览	按下Fn键可预览景深。
FV锁定	按下Fn键可锁定闪光数值（仅限于内置闪光灯和兼容的另购闪光灯组件）。再次按下则解除 FV锁定。
AE/AF锁定	按下Fn键时，锁定对焦和曝光值。
仅AE锁定	按住Fn键时，曝光锁定。
AE 锁定（保持）	按下Fn键时，曝光锁定并保持锁定至再次按下该按钮或待机定时器时间耗尽。
仅AF锁定	按住Fn键时，对焦锁定。
AF-ON	按下Fn键可启动自动对焦。快门释放按钮无法用于对焦。
闪光灯关闭	按下Fn键拍摄照片时，闪光灯不会闪光。
曝光包围连拍	在单张拍摄或安静快门释放模式中进行曝光、闪光或动态D-Lighting包围时，若按下Fn键，则每次按下快门释放按钮时，照相机将会拍摄当前包围程序中的所有照片。当进行白平衡包围或选择了连拍模式（CH或CL模式）时，照相机将在按住快门释放按钮时重复包围曝光。
动态 D-Lighting	按下Fn键并旋转主指令拨盘可调整动态D-Lighting。
+NEF（RAW）	若图像品质设为 JPEG精细、JPEG标准或JPEG基本，按下Fn键后，"RAW"将出现在控制面板中，且在按下该按钮后拍摄下一张照片的同时，将记录一个NEF（RAW）副本（若要将 NEF/RAW 副本与一系列照片一同记录，请在拍摄间隔中持续半按快门释放按钮）。若不记录NEF（RAW）副本而直接退出，再次按下Fn键。
矩阵测光	按住Fn键时，矩阵测光将启动。
中央重点测光	按住Fn键时，中央重点测光将启动。
点测光	按住Fn键时，点测光将启动。
取景网格	按下Fn键并旋转主指令拨盘可在取景器中开启或关闭取景网格显示。
选择图像区域	按下Fn键并旋转某一指令拨盘可选择图像区域。
取景器虚拟水平	按下Fn键可在取景器中查看虚拟水平显示。
我的菜单	按下Fn键显示"我的菜单"。
访问我的菜单中首个项目	按下Fn键可快速转至"我的菜单"中的首个项目。选择该选项可快速访问常用菜单项。
1级快门/光圈	旋转指令拨盘时，若按下 Fn键，则不论在自定义设定b2（曝光控制EV步长）中选择了何种选项，快门速度（模式S和M）和光圈（模式A和M）都将以1EV 为增量进行更改。
选择非CPU 镜头编号	按下Fn键并旋转某一指令拨盘可选择使用已经存储的非CPU镜头镜头编号。
播放	Fn键执行与K键相同的功能。当使用远摄镜头或在难以使用左手操作K键的其他情况下时选择。
无	按下该按钮不起作用。

f3 指定预览按钮

指定预览按钮其实是景深预览键，是D600机身手柄旁边的按钮，当我们按下这个按钮时，镜头内的光圈便会缩小至工作光圈，使我们可以看到实际景深的情况。这是一个相当有用，而且是专业摄影师经常会用到的功能。

过去，只有少数高级型号的数码单反相机才有这项设置，而在D600里面，预设这个按钮的功能为预览（即景深预览），但也可以设定为闪光值FV锁定、AE/AF锁定、AE锁定等。

而且我们也可以将这个按钮的功能，改为与Fn键相同，也就是Fn键的功能，这个景深预览键也一样可以拥有。作为一架高级的数码单反相机，如果使用者是一名要求较高的摄影师，实在没有任何理由要把这个景深预览键设定为其他功能。所以，建议摄影师还是保留它预设的预览键功能较为恰当。

f 控制	
f1 OK按钮 (拍摄模式)	RESET
f2 指定Fn按钮	
f3 指定预览按钮	
f4 指定AE-L/AF-L按钮	
f5 自定义指令拨盘	--
f6 释放按钮以使用拨盘	OFF
f7 空插槽时快门释放锁定	OK
f8 反转指示器	-0+

f4　指定AE-L／AF-L按钮

这是一个预设的AE（自动曝光）/AF（自动对焦）的锁定按钮，它的功能主要是AE-L/AF-L，但是用户也可以设定成其他功能，例如设定成与Fn键相同的功能。

但是对于资深的摄影师来说，大多数习惯用半按快门来锁定自动包围及自动对焦，因此，如觉得这

个AE-L/AF-L按钮没有太大的用途，则建议按自己的需要把它设定为较常用的功能。

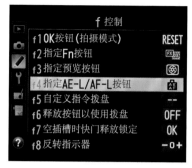

f5　自定义指令拨盘

D600拨盘的转动方向，在出厂时已有预设的方向，但新使用Nikon品牌数码单反相机的用户可能并不习惯，因此，D600的这项功能可以调整拨盘作反方向转动，以配合自己的习惯。

此外，D600的机身上有两个拨盘，包括位于机身后面的主指令拨盘和机身前面的副指令拨盘。在这个选项中，我们可以将前后拨盘的功能对调。换言之，可把原本副指令拨盘改为主指令拨盘，或把主指令拨盘改为副指令拨盘。

有趣的是，这项设定可以改变光圈设定的方法。D600预设的是以副指令拨盘来调整镜头上的光圈，事实上，在相机高度电子

化的年代，传统镜头上的光圈环早已被忽略。十多年前的胶片单反相机已开始在机身上调整镜头的光圈，用户还必须把镜头的光圈收至最小。而D600可以把光圈设定重新交给镜头的光圈环负责，让摄影师转动传统的光圈环，以1EV作增／减调整光圈。这个设定只适用于有光圈环的镜头，如Nikon镜头不设光圈环，则只能以副指令拨盘进行光圈设定。

本来这个功能对传统的摄影师来说是一个天大的喜讯，因为他们可以重拾调整光圈环的习惯。但有一点需要特别注意，就是当用镜头的光圈环设定光圈时，D600的Live View变得不能使用，所以，

对于经常使用Live View的摄影师来说，这会带来不便。另外，当D600使用了非CPU镜头时，就必须使用镜头的光圈环设定光圈，并为它编上一个非CPU镜头的编号。

而且在这个拨盘设定下，还有一个叫菜单和播放的选项，这项设定预设为关闭。

f6　释放按钮以使用拨盘

D600和之前的Nikon数码单反相机一样，在没有特别设定时，若要使用按钮加拨盘进行功能调整，必须同时保持按着按钮并转动指令盘，才能作出控制。而这个选项可以让我们无须长按此按钮，只需轻按一下，即可转动拨盘调整设定。若半按按钮或按下MODE键、+/-曝光键、闪光灯键、ISO键、

QUAL键、WB键，均可以结束该操作。此外，即使没有按下任何按钮，在测光表自动关闭后，这项功能也会终止。虽然，按钮加拨盘是沿用以往的设计，但把它改为按一下按钮，即可转动拨盘作调整，使用起来相当方便，因此，建议摄影师开启这项设定。

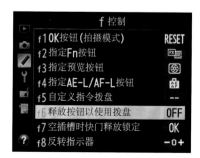

f7 空插槽时快门释放锁定

D600的这一功能是非常方便的设计，选择快门释放启动，允许未插存储卡时快门也能被释放，但不会记录照片（所拍照片将以演示形式出现在显示屏中），若选择了快门释放锁定，快门释放按钮只在照相机中插有存储卡时才被启用。

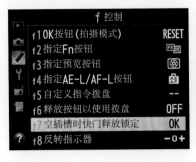

f8 反转指示器

D600现实曝光的曝光值，预设是从左到右来显示增加曝光值，即是左边为负，右边为正。而D600的这项设定可让摄影师把这项显示作反向设定，即左边是正，右边是负。选择哪种设定，完全取决于摄影师的习惯和需要。

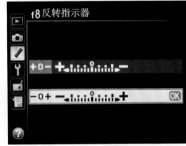

f9 指定MB-D14 AE-L／AF-L按钮

D600选择指定MB-D14电池匣（另购）上AE-L/AF-L按钮的功能。

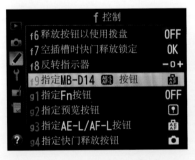

选 项	说 明
AE/AF 锁定	按下MB-D14 AE-L/AF-L按钮时，对焦和曝光锁定。
仅AE锁定	按下MB-D14 AE-L/AF-L按钮时，曝光锁定。
AE锁定（保持）	按下MB-D14 AE-L/AF-L按钮时，曝光锁定并保持锁定直至再次按下该按钮或待机定时器时间耗尽。
仅AF锁定	按下MB-D14 AE-L/AF-L按钮时，对焦锁定。
AF-ON	按下MB-D14 AE-L/AF-L按钮，可启动自动对焦。此时快门释放按钮无法用于对焦。
FV锁定	按下MB-D14 AE-L/AF-L按钮，可锁定闪光数值（仅限于内置闪光灯和兼容的另购闪光灯组件），再次按下则解除FV锁定。
与Fn键相同	MB-D14 AE-L/AF-L按钮执行在自定义设定f2中所选的功能。

g 动 画

Nikon D600的强劲AF性能再一次展现于用户面前，其先进的Multi-CAM 3500DX自动对焦感应器，有多达39个对焦点，其中11个更为十字形对焦点，即使配合F5.6光圈镜头，对焦灵敏度都依旧有极佳的表现。

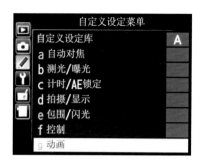

g1 指定Fn按钮

选 项	说 明
索引标记	动画录制过程中，按下该按钮，可在当前位置添加一个索引。查看和编辑动画时可以使用索引。
查看照片拍摄信息	按下该按钮时，可在显示动画录制信息的位置显示快门速度、光圈以及其他照片设定信息。再次按下则返回动画录制显示。
AE/AF锁定	按住该按钮时，对焦与曝光锁定。
仅AE锁定（保持）	按住该按钮时，曝光锁定。
仅AF锁定	按住该按钮时，对焦锁定。
无	按下该按钮不起作用。

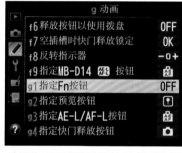

选择动画即时取景过程中Fn键所执行的功能。

g2 指定预览按钮

选 项	说 明
打开	按住该按钮时，光圈变窄。与"自定义设定（g1指定Fn键）>电动光圈（打开）"组合使用，可实现由按钮控制光圈调整。
索引标记	动画录制过程中按下该按钮可在当前位置添加一个索引。查看和编辑动画时可以使用索引。
查看照片拍摄信息	按下该按钮可在显示动画录制信息的位置显示快门速度、光圈以及其他照片设定信息。再次按下则返回动画录制显示。
无	按下该按钮不起作用。

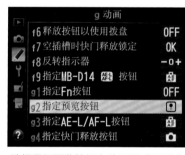

选择景深预览按钮在动画即时取景过程中所执行的功能。

g3 指定AE-L／AF-L按钮

选 项	说 明
打开	按住该按钮时，光圈变宽。与"自定义设定（g2指定预览按钮）>电动光圈（打开）"组合使用，可实现由按钮控制光圈调整。
索引标记	动画录制过程中按下该按钮可在当前位置添加一个索引。查看和编辑动画时可以使用索引。
查看照片拍摄信息	按下该按钮可在显示动画录制信息的位置显示快门速度、光圈以及其他照片设定信息。再次按下则返回动画录制显示。
无	按下该按钮不起作用。

选择AE-L/AF-L按钮在动画即时取景过程中所执行的功能。

g4 指定快门释放按钮

选择当使用即时取景器选择了📹时按下快门释放按钮所执行的功能。选择该选项时，间隔拍摄不可用，且当即时取景器选择了📷时，所有指定给快门释放按钮的功能（如拍摄照片、测量预测白平衡以及拍摄图像除尘参考照片）均无法使用。选择拍摄照片即可使用这项选项。

选项	说明
拍摄照片	完全按下快门释放按钮，可结束动画录制并拍摄一张宽高比为16:9的照片。
录制动画	半按快门释放按钮，可开始动画即时取景。随后，可半按快门释放按钮进行对焦（仅限于自动对焦模式），完全按下则开始或结束录制。若要结束动画即时取景，请按下LV按钮。另购遥控线上的快门释放按钮可用于启动动画即时取景及开始和结束动画录制；但另购的ML-L3遥控器则无法用于录制动画。在遥控（📹）模式下，半按快门释放按钮不会启动动画即时取景，而按下遥控器上的快门释放按钮可释放快门记录一张照片，但不会开始和结束动画录制。

⚏ 设定菜单

这个菜单主要设定一些D600的基本功能，有些功能非常有用，例如清洁图像传感器设定、输入版权信息、非CPU镜头信息和AF微调等，虽然这些设定未必即时影响图像质量，但仔细了解这些设定，一定会对拍摄有帮助的。

格式化存储卡

用户可以用这个功能将相机内的SD存储卡格式化。执行这项格式化命令会将卡内所有影像及存储的信息全部删除，因此，必须极度小心使用，建议在格式化前，必须确保储卡的影像已保存到电脑中，然后再进行格式化。

D600在格式化期间，切勿关闭相机的电源或者把存储卡取出，以免相机出现问题。事实上，大部分Nikon摄影师极少在设定菜单中执行格式化，而是采用另一种方法——在相机上有两个红色标记的按钮，分别是"MODE"按钮及"垃圾桶"按钮。只要同时按下这两个按钮约2秒，机身顶部的LCD屏便会出现FOR的闪动字样，之后再同时按一次，便能将存储卡格式化。

建议摄影师不要在拍摄途中进行格式化，最好在影像保存到电脑后，确定已在电脑上妥善储存，才将存储卡格式化。

保存用户设定

D600可将常用设定指定给模式拨盘上的U1和U2位置。具体可分为以下步骤。

1. 选择一个模式，将模式拨盘旋转至所需模式。

2. 调整设定。为以下项目作出所需调整：柔性程序（模式P）、快门速度（模式S和M）、光圈（模式A和M）、曝光和闪光补偿、闪光模式、对焦点、测光、自动对焦和 AF区域模式、包围以及拍摄和自定义设定菜单中的设定。要注意，照相机将不会保存存储文件夹、文件命名、图像区域、管理优化校准、多重曝光或间隔拍摄的所选项。

3. 选择保存用户设定。按下MENU按钮显示菜单，加亮显示设定菜单中的保存用户设定并按下向右方向键。

4. 选择保存到U1或保存到U2。加亮显示保存到U1或保存到U2并按下向右方向键。

保存用户设定。加亮显示保存设定并按下"OK"键，将步骤1和步骤2中所选的设定指定给在步骤4中所选的模式拨盘位置。

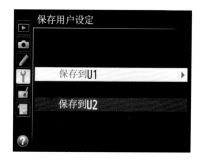

重设用户设定

在菜单中选择"重设用户设定"。首先，按下"MENU"按钮显示菜单。加亮显示设定菜单中的重设用户设定并按下向右方向键。然后选择重设U1或重设U2。加亮显示重设U1或重设U2并按下向右方向键。最后加亮显示重设并按下"OK"键，重设用户设定。

显示屏亮度

利用这项设定，D600的用户可以改变LCD屏显示的亮度，使用时，用户可以在LCD屏上看到一组由最黑到最白的灰阶图，只要利用多功能选择器上、下调整，更改从−3到+3共7级不同明暗的设定，该功能的预设值为0。

理想的LCD屏亮度是在观看的环境中，能准确看到由最黑到最白共10级灰阶之间的差异及变化。若LCD屏的亮度设定得太暗，暗部变得不太清楚；若LCD的亮度设定得太亮，暗部则不够黑，亮部也可能难以区分细节。

由于在不同的照明环境下观看LCD屏，会有不同的视觉效果，建议用户根据所处的照明环境，灵活地改变LCD屏的亮度。

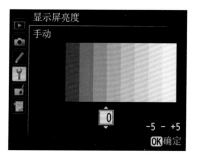

清洁图像传感器

D600配备了清洁图像传感器的功能，其原理是利用超声波把图像传感器上的灰尘清除。在这个选项下，摄影师可以选择"现在清洁"作即时的清洁，还可以选择每次开机时清洁，而预设的选项是关闭清洁功能。我们建议为了保持成像清晰，最好是设定为开机/关机都作清洁，使D600的感光元件保持最佳状态。

没有预设开机或关机作清洁所拍摄的照片，可以很明显地看到照片上有脏点。

当发现问题时，摄影师选择"现在清洁"作即时的清洁，再拍摄一张同样的照片，可以很清楚地看到照片上已没有污点了。

向上锁定反光板以便清洁

虽然D600有超声波除尘功能，但并非所有尘埃都可以完全用超声波清除，因此，摄影师在需要

时可利用其他方法清洁，例如利用气泵或者其他合格的清洁工具，对图像传感器作清洁，用户可利用该选项，把镜头拆下，并选择开始，LED屏便会显示相关指示，要求摄影师按下快门按钮，让反光镜提升并让快门开启，在完成清洁后，只需将相机关闭，反光镜便会自动放下，而快门也会关上。

由于D600必须有足够的电量才能让摄影师进行清洁工作，所以

当相机测量电量较低时，摄影师必须换上电源足够的电池，才能进行锁定反光板的操作。

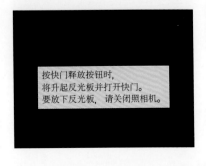

图像合成

图像合成是一个提供双重曝光效果的内置功能，只适用于NEF（RAW）图像格式，不适用于TIFF或JPEG图像格式。

图像合成功能可将两张现有NEF（RAW）照片组合成单张照片，并与原始照片分开保存；由于利用来自照相机图像传感器的原始图像数据，其效果明显优于在图像应用程序中组合的照片。新照片以当前图像品质和尺寸设定进行保存；创建合成图像之前，请先设定图像品质和尺寸。若要创建一个NEF（RAW）副本，请选择 NEF（RAW）图像品质。

由于合成时，只能合成两个NEF文件，若希望作多个图像的合成，可以先把两个图像合成，然后再把已合成的NEF文件和另外的NEF文件再作处理，从而达到多重曝光的效果。

此外，在影像合成之前，还可以调整影像的明暗，例如增加曝光或减少曝光，可选择的范围由×0.1到×2，这样便可以选择合成图像的明暗。合成后的图像还有EXIF信息。

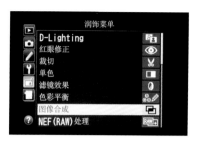

NEF(RAW)处理

选择NEF（RAW）处理。加亮显示NEF（RAW）处理并按下"▶"显示照片选择对话框，其中仅列出本照相机所创建的NEF（RAW）图像。

加亮显示一张照片（若要全屏查看加亮显示的照片，请按住放大按钮，若要查看其他位置的照片，则请按下缩小按钮）。按下"OK"键可选择加亮显示的照片并进入下一步。

调整下列设定。请注意，白平衡和暗角控制不适用于多重曝光或使用图像合成创建的照片，且曝光补偿仅可设为-2至+2EV之间的值。若将白平衡选为"自动"，它将设为照片拍摄时标准和保留暖色调颜色中有效的一个。调整优化校准时，优化校准网格不会显示。复制照片，加亮显示EXE，并按下"OK"键为所选照片创建一个JPEG副本。按下"MENU"按钮即可不复制照片直接退出。

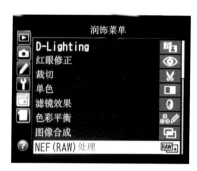

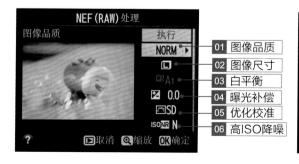

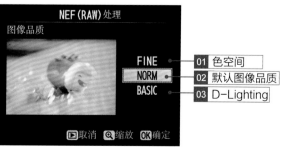

调整尺寸

若要调整所选图像的尺寸，请按下"MENU"显示菜单并选择润饰菜单中的调整尺寸。若插有两张存储卡，您可通过加亮显示选择目标位置并按下"▶"为调整尺寸后的副本选择一个目标位置，若只插有一张存储卡，请进入"选择尺寸"项。选择尺寸时，请加亮显示一个存储卡插槽并按下"▶"。

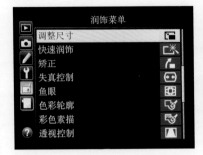

快速润饰

创建饱和度和对比度增强的副本。D-Lighting可根据需要应用，以增亮黑暗或背光拍摄对象。按下"▲"或"▼"可选择增强量。您可在编辑显示区内预览效果。按下"OK"键，即可复制照片。

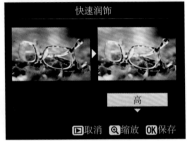

矫 正

创建所选图像的矫正副本。按下"▶"将以大约0.25°为增量，按顺时针方向旋转图像，最多5°；按下"◀"则按逆时针方向旋转（您可在编辑显示区内预览效果；请注意，图像边缘将被裁切，以创建方形副本）。按下"OK"键，即可复制照片，按下"▶"则不创建副本，直接退回播放。

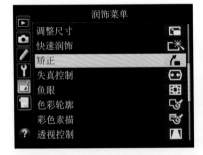
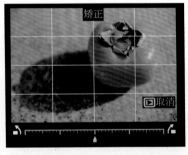

失真控制

创建已减少周边失真现象的副本。选择"自动"，照相机可自动纠正失真，然后您可以使用多重选择器进行微调，或选择手动，手动减少失真现象（请注意，手动不适用于使用自动失真控制拍摄的照片）。按下"▶"将减少桶形失真，按下"◀"则减少枕形

失真（您可在编辑显示区内预览效果；请注意，失真控制的量应用得越多，图像边缘就裁切得越多）。按下"J"即可复制照片，按下"▶"则不创建副本直接退回

播放。请注意，使用通过DX镜头在DX（24×16）1.5×以外的图像区域下所拍照片创建副本时，失真控制可能导致副本裁切过量或边缘严重失真。

自动仅可用于使用G型和D型镜头（PC、鱼眼镜头及某些其他镜头除外）所拍的照片。在使用其他镜头所拍照片上的应用效果不予保证。

鱼 眼

创建呈现鱼眼镜头效果的副本。按下"▶"将增强效果（同时也将增加图像边缘被裁切的部分），

按下"◀"则减弱效果。可在编辑显示区内预览效果。按下"OK"键即可复制照片，按下"▶"则不

创建副本，直接退回播放。

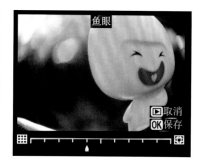

色彩轮廓

创建用作绘画底版的轮廓副本。可在编辑显示区内预览效果。

按下"OK"键即可复制照片。

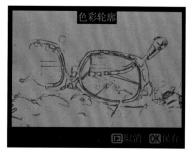

彩色素描

创建具有类似于彩色铅笔素描效果的照片副本。按下"▲"或"▼"，加亮显示鲜艳度或轮廓，按下"◀"或"▶"进行更改。增加鲜艳度可使色彩变得更加饱和，减少鲜艳度则可产生泛白、单色的

效果，同时可使色彩轮廓增粗或变细。色彩轮廓越粗，色彩越饱和。可在编辑显示区内预览效果。按下"OK"键，即可复制照片，按下"▶"则不创建副本，直接退回播放。

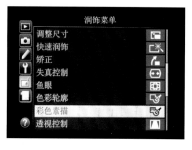

透视控制

创建减少从高物体底部所拍照片中透视效果的副本。使用多功能选择键可调整透视效果（请注意，透视控制的量应用得越多，图像边缘就裁切得越多）。您可在编辑显示区内预览效果。按下"OK"键即可复制照片，按下"▶"则不创建副本，直接退回播放。

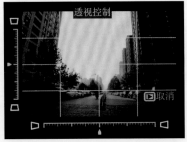

模型效果

创建呈现立体模型照片效果的副本。处理从高视点拍摄的照片时效果最佳。

可选颜色

D600和以往的Nikon数码相机一样，在没有特别设定时，如要使用按钮加拨盘进行功能调整，必须同时保持长按按钮并转动指令盘，才能作出控制。而这个选项可以让我们无需长按按钮，只需轻按一次，即可转动拨盘调整设定，方便实用。

编辑动画

在D600的这个选项中，您可裁切动画片段以创建动画编辑后的副本，或者将所选画面保存为JPEG静态照片。

选 项	说 明
选择开始/结束点	删除所选画面之前或之后的动画片段，创建一个副本。
保存选定的帧	将所选画面保存为JPEG静态照片。

我的菜单

Nikon D600用户可按照自己的需要自设一个喜欢的菜单，只要在D600的"我的菜单"项目中，选择D600的各项常用功能，就可以制作自定菜单，最多可以加入20项功能。这个菜单完全按摄影师的需要设定，我们可以将常用的功能放到这里，不需要在D600庞大的菜单项目中搜寻，里面有4大选项：添加项目、删除项目、为项目排序及选择标签，让用户新增需要的菜单项目、调整次序和删除不需要的项目等。

添加项目

用户可以在这里选择自己想要的功能，无论播放菜单、拍摄菜单或自定义设定菜单的功能都可以挑选，选择之后按下"OK"键即可。每次选择后，该功能会排在最前面，方便使用。如果要再加入其他的功能，可以重复以上的步骤。新增项目最多可添置20个，因此摄影师应该挑选自己最需要的功能。

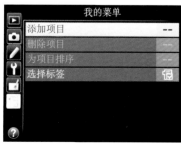

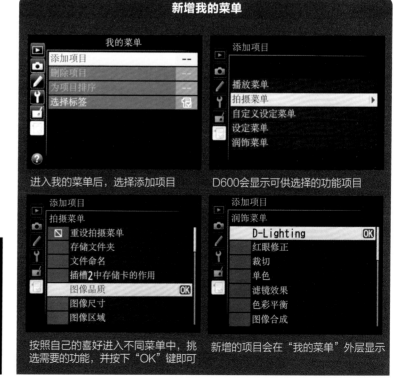

新增我的菜单

进入我的菜单后，选择添加项目 ｜ D600会显示可供选择的功能项目

按照自己的喜好进入不同菜单中，挑选需要的功能，并按下"OK"键即可 ｜ 新增的项目会在"我的菜单"外层显示

删除选项

除了添加项目外，我们也可以删除不需要的功能，只要选择这个删除选项，选择不需要的功能，然后按下"OK"键，就可以选取，最后移至"完成"再按"OK"键，就可以删除该功能了。

为项目排序

当新增及安排好各项功能后，如果发现功能的排序不如意，用户还可以再次排列功能菜单的次序。我们建议，摄影师新增了选项之后，应该顺手调配好选项的顺序，将最常用的功能放在前面位置，以方便工作。而摄影师进入这个选项后，选择要移动的功能，然后按"OK"键，再按"▲"或"▼"移至适合的位置，再次按"OK"键便可以了。

选择标签

这个叫"选择标签"的功能非常好用，它里面有两个选项，包括"我的菜单"和"最近的设定"。如果使用"我的菜单"，就会显示摄影师新增的20个自选功能。但如果选择"最近的设定"，D600就会显示摄影师最近使用过的20个功能，而不是显示摄影师自定的菜单。有时候摄影师最近使用的20个功能，往往就是他们最常用的功能，因此这个选项对很多摄影师都适用。

为何需要"我的菜单"

"我的菜单"功能，主要是替摄影师建立自己的菜单。一般来说，摄影师总会有些极具个性的拍摄组合，建立自己的菜单，的确会方便工作。另外，有些功能在复杂的菜单中难以发现，一旦需要使用就得花费很多时间寻找，所以也不妨将这些功能加到"我的菜单"中，随时都可以找到，非常方便。

Chapter 04

与Nikon D600
适配的优质镜头

强化和提升镜头的水准
精选16支镜头装在D600上
完美表现出2426万像素的惊人清晰度及解析力
镜头的全面评测
超声波马达镜头，对焦快速
顶级镜头确保有最佳的影像质量

ISO：100，光圈：f/8，快门：1/640秒

AF-S Nikkor 14~24mm F2.8G ED
极高素质的超广角大光圈镜皇

镜头具备Nikkor最佳的要素，包括纳米结晶涂层(Nano Crystal Coat)、ED及非球面镜片，质量并重，对焦速度快，当然价钱也较高。

这支镜头是为FX全画幅而设计的超广角镜头，更是首支拥有如此焦距范围而同时拥有高质光学设计的AF-S Nikkor镜头，与AF-S 24~70mm F2.8G ED和AF-S 70~200mm F2.8G ED连成一个强大的F2.8阵容，是专业级三大镜皇。此镜头拥有14mm最大广角和F2.8大光圈，应用在135全画幅相机上，可谓无往而不胜。

规格表	
焦距	14~24mm
最大光圈	f/2.8
镜头结构	14片11组
光圈叶片	9片（圆形）
最近对焦距离	0.28m（18~24mm焦距）
最高放大率	1：6.7
视角	114°～84°
滤镜直径	–
体积	98x131.5（mm）
重量	1000g
遮光罩	内置

全画幅的超广角变焦利器

14~24mm这个焦段在Nikon中是非常大胆和新颖的，但它的确非常实用，以往流行的可能只是由17mm、18mm或20mm起步的变焦镜头，试想，当突然想用到要比24mm或28mm视角更大的焦距时，已经什么也不用考虑，视角越大越好！这支镜头让广角焦距从24mm一直扩大到14mm，用户对视角应该不会不满。更重要的是，它给了用户一个F2.8的大光圈，虽然这是一支变焦镜头，但皇者级的广角镜头优势，没有一个专业摄影师会不叫好。此外，它本身就是设计给FX全画幅相机使用的。

恒定F2.8大光圈

此镜头的质量先从F2.8光圈讲起，它是一个恒定光圈，即从14~24mm整个变焦范围内的最大光圈都不会有变动，这有利于在弱光的环境或重要的时候确保光量充足，更重要的是配合如D600这种有高达ISO 25600感光度的相机时，手持拍摄清晰照片的机会就更大，特别适合新闻记者使用，恒定大光圈在14~24mm整个焦段内都有相当高的解像力。至于四角失光情况，除在全开光圈下会稍微明显些外，只要一旦把光圈缩小，就可大大减少。加上镜头在变形抑制上做得不错，整体上有令人满意的光学表现。

讲求机动性

由于设计原因，该镜头的镜面是凸出的，所以不能安装滤镜。然而镜头本身自带一个内置的遮光罩，可以发挥保护镜头和阻隔杂光的功用。此外，此镜头的最前组镜片内还使用了纳米结晶涂层（Nano Crystal Coal），可减少内反射和眩光的形成。除ED低色散镜片外，还有一种大口径的精密玻璃制模（PGM）镜片，使此镜头从设计到成像都有出色的表现。当然，值得一提的是该镜头还有可以全于动对焦的对焦环，以及SWM马达，而最近对焦距离仅0.28m，近摄十分方便。再加上全天候的镜身设计，使其机动性大大提升。且镜身不算过于巨大，变焦环和对焦环的大小也恰到好处。

性能曲线图

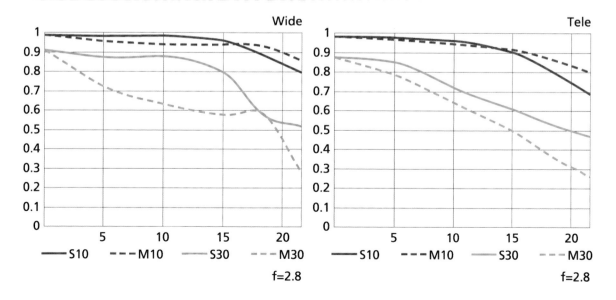

主要特点

- 2片ED低色散、3片非球面及1片有纳米结晶涂层的镜片
- 14~24mm焦距时最近对焦距离为0.28m
- SWM马达自动对焦
- 全天候镜身设计
- 内置遮光罩

结构图

- ■ ED镜片
- ■ 纳米结晶涂层（Nano Crystal Coat）
- ■ 非球面镜片

全天候的镜身设计，包括镜头接环上的防尘防水的胶边

测试：四角失光

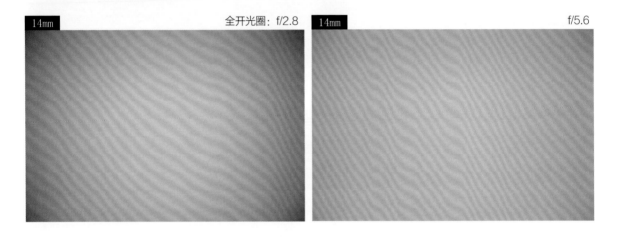

14mm　　全开光圈：f/2.8　　　　14mm　　f/5.6

评语

这支镜头用在FX系统的D600及D3上可谓最好不过，不仅可获得F2.8大光圈带来的优势，拍摄室内弱光题材时也特别适合。其出色的光学表现无疑令影像更胜一筹；其全天候的机动性可说是摄影记者的利器；当然，它也可以是摄影师拍摄风景、室内场景的主要工具之一。从画质、功能和用途来说，若配合FX系统使用，是非常值得推荐的，其焦段的范围也是现有Nikkor镜头中最强的，虽然价格不菲，但可以肯定的是物有所值！

失真滤波器校正失真		
	10′ 3M（FX）	DX
14mm	+4.0	+1
15mm	+3.0	
16mm	+2.0	
18mm	+0.5	+0.2
20mm	0.0	
24mm	−0.1	−0.2

ISO：100，光圈：f/8，快门：1/125秒

AF-S Nikkor 24~70mm F2.8 G ED
灵活大光圈标准变焦镜头

这支镜头的光学设计和用料，可以确保影像超凡的锐利度、对比度和色彩还原度，是为要求特别高的用户量身定做的。

这支镜头与AF-S14~24mm F2.8G ED可谓一脉相承，同样具备F2.8恒定大光圈，也采用了纳米结晶涂层，配合数码单反相机使用能获得更佳的影像，而24~70mm焦距范围也是最常用的，是人们公认的"标准变焦"范围，是一支相当好用而且灵活的镜头，其专业的性能和全天候的机动性，更是Nikon用户不容忽视的！

规格表	
焦距	24~70mm
最大光圈	f/2.8
镜头结构	15片11组
光圈叶片	9片（圆形）
最近对焦距离	0.38m（35~50mm焦距）
最高放大率	1：3.7
视角	84°～24°20′
滤镜直径	77mm
体积	83x133（mm）
重量	900g
遮光罩	HB-40

广角到中焦一支包办

在135胶片单反相机流行之时，曾流行28~70mm或28~80mm的镜头，而F2.8恒定光圈镜头更被奉为专业摄影师的必备工具，甚至这种焦距已被标榜为"标准变焦镜头"，就好像50mm镜头当年被称为标准镜头。24~70mm的焦段已属于第二代，其广角优势更明显。全画幅数码单反相机日渐流行，在全画幅相机上，24mm广角显得更加实用。这是一支涵盖广角，又能变焦的镜头，已经可以用来应付大多数的拍摄需要。而不得不提的是，它的F2.8大光圈，代表这支镜头在弱光环境下也有非凡的拍摄能力，而且可以在整个焦距范围发挥作用。

最佳的光学素质

此镜头同为F2.8的顶级镜头，与14~24mm F2.8和70~200mm F2.8两支镜头并成一连串的无缝焦段组合，光学上的表现当然也很好。所以，众望所归，这支镜头用了3片可以减少色散的ED玻璃镜片，使影像出现模糊的机会大大减小。而另外3片非球面镜片中有一片更是大口径的PGM镜片，全开光圈时也能将像差减至最少。镜头上有个"N"字，表示该镜头采用纳米结晶涂层（Nano Crystal Coat），即在其中一块大型镜片上加上这种可减少内反射的高折射材料，使影像的色彩还原能力提升。这支镜头还有IF内对焦设计，变焦时并不影响遮光罩的使用。

操作感觉极佳

这支大光圈镜头当然难免体积会大一点，但镜身仍相当容易掌握，宽阔的变焦环令人印象深刻，其SWM马达对焦快而宁静，且最近对焦距离可近至0.38mm，对焦环也可全手动，快速而灵活，难怪专业用户都毫无疑问地选择它。至于拍摄出来的影像，从测试中可发现，此镜头从f/全开光圈起已表现出上佳的影像重现能力，分辨率已达到较高的水平，各光圈之间只有相当小的变化，用户绝对可以放心在这些光圈之间任意选择，也不用担心画质。而变形情况更是相当轻微，除24mm有略微明显的桶状变形外，其余焦距上的表现肉眼几乎看不出变形，且四角失光也十分少，只要稍稍收小些光圈就不易觉察。

性能曲线图

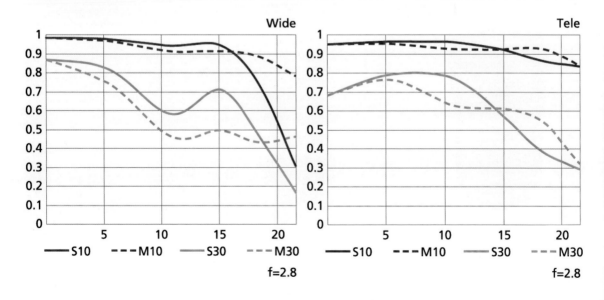

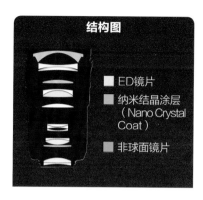

主要特点

· 3片ED低色散、3片非球面及1片有纳米结晶涂层的镜片
· 35~50mm焦距时最近对焦距离为0.38m
· SWM自动对焦马达
· 全天候镜身设计
· IF内对焦设计

结构图

■ ED镜片
■ 纳米结晶涂层（Nano Crystal Coat）
■ 非球面镜片

最佳的光学设计，是 Nikkor 镜头中的最高级选择。无论从专业性和实用性上考量，都是一支十分优秀的常用变焦镜头。

测试：四角失光

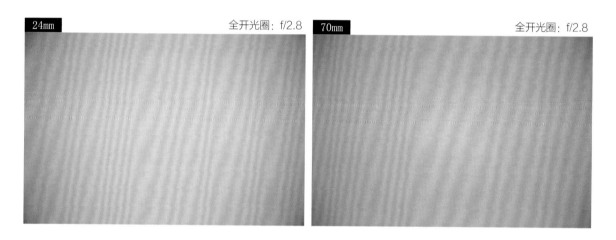

24mm 　　全开光圈：f/2.8

70mm 　　全开光圈：f/2.8

评　语

这是一支在24~70mm焦距内表现最佳的专业级变焦镜头，正好连接14~24mm的那一支，同是F2.8大光圈，实用性毋庸置疑。而其光学质量在多种优质的光学设计下发挥得淋漓尽致，加上设计精密，既有SWM超声波对焦马达，还有IF内对焦设计，彻头彻尾是为最高的影像要求而制作的，当然，加上"N"，更是Nikon数码单反的顶级象征，因为这种镜片的涂层技术，已是数码影像质量提升的一个重要因素。它是D600 FX系统单反相机的最佳配搭。

失真滤波器校正失真				
	FX，无限	FX，50'（15m）	DX，无限	DX，50'（15m）
24mm	+5.0	+4.0	+2.0	+2.0
28mm	+2.0	+2.0	+1.0	+0.2
35mm	-0.4	-1.0	-0.3	-0.5
50mm	-2.0	-2.0	-0.4	-0.5
70mm	-0.5	-1.0	-0.1	-0.5

ISO：100，光圈：f/5.6，快门：1/60秒

AF-S Nikkor 70~200mm F2.8 G ED
专业灵活的中远摄VR防震镜头

在135胶片年代，两支变焦镜皇不外乎是28~70mm F2.8和80~200mm F2.8，这两支镜头几乎已经能应付大部分的拍摄需要，而后者更是不少专业摄影人（如记者或人像摄影师）的必备装备。它能同时担任中距至远摄的拍摄任务，F2.8恒定大光圈也确保了在使用增距镜时仍能保持自动对焦功能，而AF-S 70~200mm F28 G更是一支高质而且十分专业的镜头。

这是一支顶级的Nikkor变焦镜头，其具有的坚固度、耐用性和高质光学技术，均是专业用户的不二之选。

规格表	
焦距	70~200mm
最大光圈	f/2.8
镜头结构	21片15组
光圈叶片	9片（圆形）
最近对焦距离	1.5m（手动对焦为1.4m）
最高放大率	1：6.1（手动对焦为1：5.6）
视角	34°20′~12°20′
滤镜直径	77mm
体积	87x215（mm）
重量	1470g
遮光罩	HB-29

VR防震更灵活

这支镜头具有恒定的F2.8大光圈，在弱光环境下，能大大提升成像的质量。因为是一支中距至远摄端的镜头，手持拍摄难免会因手震和快门过慢而使照片模糊，所以Nikon已为这支镜头加入VR减震功能，具有约3级快门的减震效能，而且有"Normal"和拍摄动态时使用的"Active"两种减震模式。在正式使用时，不单镜头的SWM马达对焦宁静而迅速，即使开启VR，也同样顺畅而宁静。而从取景器看去，半按着快门键时可直接看到防震系统在运作，这正是镜身防震的特点之一。

精良的机身设计

这支镜头采用了全天候的密封技术，能防止沙尘或水滴渗入镜头内，而接环边都有胶边，使之整体拥有全天候防护能力。正如上文所说，镜身虽然纤瘦，但全金属的外壳，其坚固程度令人印象深刻。要留意的是，这支镜头已有一个三脚架接环，它还拥有一个快速锁扣，可以随时从脚架上取下，当然整个三脚架接环是可以拆下来的，方便全程使用手持操作。镜头看似稍长，但平衡度仍十分不俗，在镜头前端设有3个相当顺手的AF Stop按钮，当要拍摄动态照片时，可协助提供更佳的AF控制。而厂方还为用户提供了一个大型的遮光罩，有利于减少逆光拍摄时杂光的侵入，使成像质量不受影响。

影像质量表现出色

由于此镜头本身为135全画幅而设计，所以用于FX系统有出色的表现。我们经测试后发现，这支镜头的光学表现在70~200mm都是非常接近的，而且解像力也相当好。在全开光圈下还有不俗的表现，无论在中焦端或远摄端，从中央到边缘解像力的差异不算太大，也不见边缘有明显的模糊，只是边缘的解像力略比中央低。全开光圈时四角失光会较明显，然而只要略收一至两级光圈就会大大改善。总的来讲，这支镜头采用5片ED低色散镜片来抑制像差，才能做到这样平均且各焦距接近一致的画质，这已经算是十分出色的了。它可以给摄影师十足的信心，去完成各种拍摄任务。

测试：四角失光

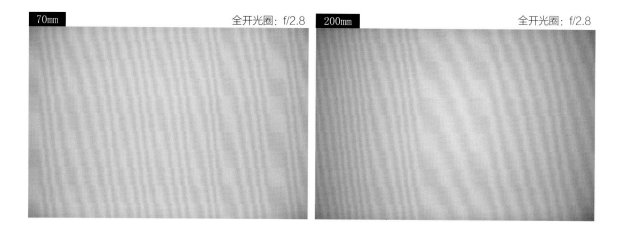

70mm　　　　全开光圈：f/2.8　　　200mm　　　　全开光圈：f/2.8

主要特点

· 采用多达5片ED低色散镜片
· 三级快门防震效能的VR系统，
有两种VR模式
· SWM自动对焦马达及IF内对焦
设计
· 全天候防尘防水设计
· F2.8恒定光圈

结构图

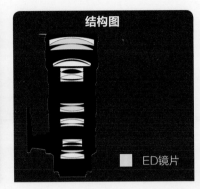

☐ ED镜片

镜头设有对焦范围选择键，可以把对焦范围锁定在2.5m至无限远，这在拍摄较远距离景物时，可以缩短来回对焦的耗时，提升效率。

失真滤波器校正失真

	FX，无限	FX，50'（15m）	FX，10'（3m）	DX，5'（1.5m）	DX，无限	FX，50'（15m）
70mm	+4.0	+4.0	+3.0	+1.5	+1.4	+1.2
80mm	+2.7	+2.2	+2.0	+1.0	+1.0	+1.0
105mm	0.0	0.0	−0.5	−1.0	0.0	0.0
135mm	−1.2	−2.0	−2.0	−1.5	−0.8	−1.0
200mm	−3.0	−3.0	−3.0	−2.5	−1.0	−1.0

70~200mm VR对焦环

70~200mm f/2.8镜头的VR底部

评　语

　　这支镜头连同14~24mm、24~70mm成为F2.8大光圈的铁三角组合，Nikkor的高质选择已齐备。这支镜头可发挥最佳的中距至远摄能力。不可忽视的是它的镜身设计，可以说是现在最有特色和最具机动性的一款镜头，加上已有VR系统，完全可以满足专业用户的需要，让摄影师充满信心地去完成拍摄任务。与DX系统比较，即使此镜头用于FX系统上，画质仍能有出色的表现。就这个焦段来说，这是最佳的选择了。

ISO: 100, 光圈: f/13, 快门: 1/1000秒

AF-S Nikkor 16~35mm F4 G ED VR
超广角变焦镜头

摄影从来都不应有太多的定规，说到超广角镜头，又有谁说只能限于拍摄风景？Nikon最新推出的AF-S Nikkor 16~35mm F4G ED VR便首次配备了VR防震装置，是同类镜头中独有的配置，镜头不单可拍摄风景，更可应付光线不足的手持拍摄，用途更加广泛。

这支超广角镜头配置减震装置（VR Ⅱ），为镜头界的首创。

规格表	
焦距	16~35mm
最小光圈	f/22
镜头结构	17片12组
光圈叶片	9片(圆形)
最近对焦距离	0.29m
最高放大率	1：4
视角	83°～44°
滤镜直径	82.5mm
体积	82.5x125（mm）
重量	680g
遮光罩	HB-23

Nikon "小三元"初现

对于大光圈的变焦镜头，全段恒定F2.8 的光圈虽然招人喜爱，但伴随其的重量却未必是人人都可以接受的。在完成了"大三元"（AF-S Nikkor 14~24mm F2.8G ED、AF-S Nikkor 24~70mm F2.8G ED及AF-S Nikkor 70~200mm F2.8G ED VR II）的更新后，Nikon似乎亦有意向光圈小一级的"小三元"进军，而首发的正是这款AF-S Nikkor 16~35mm F4G ED VR。相比起重量达1000g的AF-S Nikkor 14~24mm F2.8G ED，仅有680g的AF-S Nikkor 16~35mm F4G ED VR明显要更为轻巧。若用于旅游拍摄，整个行程便会轻松很多。

首支超广角VR镜头

要为"小三元"打响头炮，AF-S Nikkor 16~35mm F4G ED VR在制作上当然不能马虎，镜头不单在外观上有一定的气势（体积甚至比得上自家的 AF-S Zoom-Nikkor 17~35mm F2.8D IF-ED），镜身亦用镁合金制造，配合防尘防水等设计，令镜头无论在可靠性及耐用性上都达到专业水平。值得一提的是，镜身虽然在变焦时长度不变，但前组镜片却会前后移动。若要提升镜身的密封性，建议大家同时加装保护滤镜。

配合最新的Nikon D600使用，加上镜头本身采用了环形SWM超声波马达驱动，AF-S Nikkor 16~35mm F4G ED VR的对焦绝对称得上快而准。通过手动功能，可随时转动对焦环进行对焦微调，对近距离的特写拍摄相当有用。作为首支内置防震的超广角镜头，AF-S Nikkor 16~35mm F4G ED VR最受关注的可说是其VR II防震，以广角端16mm为例，系统4级的防震，理论上便能保持1秒手持的稳定！为了验证镜头这方面的实力，我们特别以1/4秒的快门手持拍摄瀑布。在慢快门之下，流水已化为丝状，而令人惊喜的是，即使是如此低的速度手持拍摄，画面依然相当清晰，打破了以往此类题材必定要配合脚架拍摄的"定律"。

ISO: 100，光圈: f/22，快门: 1/4秒

主要特点

· 超广角变焦镜头，最大光圈为f/4，焦距覆盖范围16~35mm。
· 内置减震（VR II）功能，可补偿相机震动，相当于将快门速度提高了约4挡。
· 纳米结晶涂层大大降低了鬼影和眩光。
· 采用超声波马达（SWM），实现安静而快速的自动对焦。
· 配备2片ED镜片和3片非球面镜片，像差补偿效果优异。
· 支持两种对焦模式，M/A（自动对焦，手动控制优先）和M（手动）。

结构图

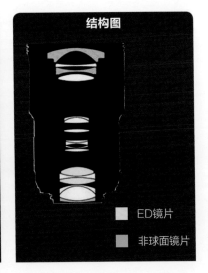

■ ED镜片
■ 非球面镜片

上乘画质

除了专业的制造工艺与操控，AF-S Nikkor 16~35mm F4G ED VR同样重视内涵，镜头的12组17片设计中，用了多达2片ED及3片非球面镜片，其中针对内部反射问题，更采用了Nikon引以为傲的Nano Crystal Coat 纳米结晶涂层技术，用料之"重"跟定位更高 的 AF-S Nikkor 14~24mm F2.8G ED 可谓不相伯仲。

超广角镜头由于视角比一般镜头要宽，以 AF-S Nikkor 16~35mm F4G ED VR为例，广角端的视角达到107°。正中央跟边缘的画质难免会有一定的落差，而对于变焦镜头，要同时兼顾两者可谓难上加难。跟大部分同级镜头一样，AF-S Nikkor 16~35mm F4G ED VR广角端于全开光圈下边缘解像仅算一般，幸好收小2~2级光圈便有明显改善，假如主要用于拍摄风景，影响不会太大。随着焦距移向远摄，镜头中央跟边缘表现上的差距明显缩小，值得一赞的是，AF-S Nikkor 16~35mm F4G ED VR全段色边及眩光的控制都相当理想，画面中光差强烈的射灯亦未有明显的紫边及鬼影问题，唯一的缺陷是镜头的桶状变形比较明显（16mm），对于拍摄建筑物等对变形要求较严谨的题材，需要事后再用软件进行修正。

支持全手动对焦

对焦模式切换及VR开关

ISO：200，光圈：f/5.6，快门：1/800秒

ISO：100，光圈：f/4，快门：1/20秒

AF-S Nikkor 24~120mm F4 G ED VR
方便实用的标准变焦镜头

继推出了恒定F4光圈的超广角变焦镜头AF-S Nikkor 16~35mm F4G ED VR 后，Nikon为了进一步完整F4系列的"小三元"战线，AF-S Nikkor 24~120mm F4 G ED VR亦终于登场。新镜头不仅使用方便，亦同时强调质素，内置了4级VR防震装置，论到实用，甚至比起自家的镜皇AF-S Nikkor 24~70mm F2.8G ED有过之而无不及。

规格表	
焦距	24~120mm
最大光圈	f/4
镜头结构	17片13组
光圈叶片	9片（圆形）
最近对焦距离	0.45m
最高放大率	0.24倍
视角	84°~20°20′
滤镜直径	77mm
体积	84x103.5（mm）
重量	710g
遮光罩	HB-53

该镜头的若干镜片上覆盖了纳米结晶涂层，使成像更细腻清晰，镜头同时配备了Nikon最新的减震装置VRⅡ。

Nikon "小三元" 第二炮

一个系统能够得到用户的支持，除了相机本身，镜头等配套亦是主要因素之一。无可否认，Nikon的主要对手Canon在这方面一向相当成功，以高质量的变焦镜头为例，便分别设有 F2.8 与 F4两个恒定光圈系列，以满足不同用户的需要。或许恒定F4变焦镜头大有市场，Nikon在新镜头开发上似乎已朝这方面发展，先有超广角的AF-S Nikkor 16~35mm F4 G ED VR，再有AF-S Nikkor 24~120mm F4 G ED VR，而在用户的"合理期望"之下，可以预期，厂方未来亦会推出恒定F4光圈的远摄变焦镜头。

5倍变焦、VR4级防震

作为一支主打方便的标准变焦镜头，AF-S Nikkor 24~120mm F4 G ED VR不单提供24mm的广角，亦同时兼顾中距，利用5倍的变焦能力，镜头远摄便达120mm，比起同级对手 Canon EF 24~105mm F4 L IS USM，远摄方面略胜一筹。

相比自家的AF-S Nikkor 24~70mm F2.8 G ED、AF-S Nikkor 24~120mm F4 G ED VR，明显轻巧得多（900g vs 710g）。配合D800/D800E，其组合称得上是最佳搭配。而作为一支定位高端的镜头，AF-S Nikkor 24~120mm F4 G ED VR在做工上当然没有令人失望，除了采用防尘、防水滴设计，镜身亦于前端加有金环，以标示其专业身份。

在众多镜头中，标准变焦镜头绝对是大多数用户最为常用的。而AF-S Nikkor 24~120mm F4 G ED VR不单在焦距上可应付大部分拍摄题材，镜头利用SWM超声波驱动的优势，对焦同样是既快且准。以拍摄街头Snapshot为例，往往更容易捕捉到有趣画面。镜头变焦时，镜筒会分两节伸出，而由于采用内对焦关系，前组对焦时并不会转动，有利用户使用偏光镜、渐变灰等滤镜。

对于一向有F2.8光圈"情结"的用户，可能会认为镜头只有F4光圈，实用性一定较差。不过对 AF-S Nikkor 24~120mm F4 G ED VR来说，事实上却刚好相反。原因是镜头内置了4级的VR II防震装置，以远摄的120mm为例，理论上即使以1/8秒手持，依然可保持相片清晰。为验证镜头的防震实力，笔者除了白天试拍之外，亦刻意于夜间手持拍摄。由于晚间光线极度不足，多张照片快门低于1/10秒，出乎意料的是，拍摄成功率竟然比笔者工作镜头之一的Canon EF 24~105mm F4.0 L IS USM更高（Canon 所配备的是3级IS防震装置）。假如不是拍摄长时间曝光效果的话，晚上拍摄连三脚架也可省却。

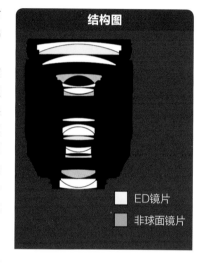

结构图

■ ED镜片
■ 非球面镜片

主要特点

· 配备2片ED镜片和3片非球面镜片，光学性能极佳。
· 5倍标准变焦镜头，在24~120mm的对焦范围内，可实现最大为F4的恒定光圈。
· 内置减震功能，可补偿相机抖动，相当于提高4挡快门速度。
· 采用纳米结晶涂层，可大大降低鬼影和眩光。
· 采用Nikon内部对焦系统，对焦时镜头长度保持不变。
· 配备两种对焦模式，M/A和M。
· 超声波马达（SWM），可实现安静的自动对焦。

镜头定位：全画幅；镜头用途：广角镜头、标准镜头、中长焦镜头。

ISO：800，光圈：f/4.0，快门：1/6秒，VR OFF

ISO：800，光圈：f/4.0，快门：1/6秒，VR ON

测试1:镜头变形

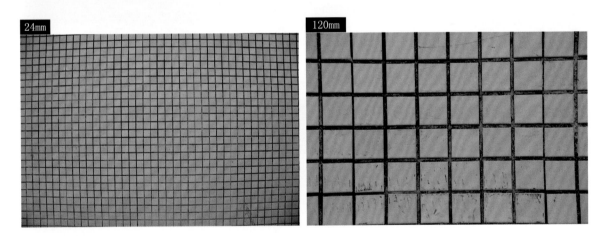

测试2:四角失光

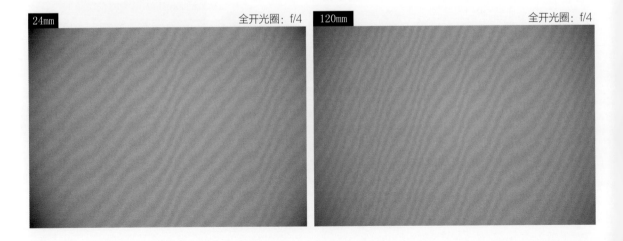

ISO：100；光圈：f/4；快门：1/1600秒

AF-S Nikkor 200~400mm F4 G ED VR II
超远摄变焦镜头

这个强大的超级远摄变焦镜头提供了令人难以置信的图像质量。增强Nikon VR II防抖，恒定光圈，纳米结晶涂层，使这个镜头成为体育摄影、野生动物摄影等的理想选择。拥有快速、安静的自动对焦，以满足最具挑战性的专业环境要求。这种类型的超远摄变焦镜头，仍然是市场上独一无二的，反映了Nikon创新和质量在同行中的霸主地位。

这款镜头的优势不仅仅是焦距和光圈，SWM超声波对焦马达、VR减震系统的配备都为它增色不少。

规格表	
焦距	200~400mm
最大光圈	f/4
镜头结构	24片17组
光圈叶片	9片（圆形）
最近对焦距离	2m
最高放大率	0.27倍
视角	6°10′ ~12°20′
滤镜直径	124mm
体积	336x124（mm）
重量	3360g
遮光罩	HB-30

超强的远摄镜头

Nikkon 开发了一系列针对摄影师需求的产品，以及增强的高性能，AF－S Nikkor 200~400mm 结合4个固定焦距长度超长焦镜头和一个紧凑的超远摄AF变焦 Nikkor 镜头，是世界上第一个 AF－S VR 200~400mm 的超远摄变焦镜头。它有两个VR模式。

普通模式或主动模式下拍摄时，极端运动摄影师进行摇摄时自动侦测和补偿，兼容AF－S增距镜：TC14E（II）和TC20E（II）；独有的宁静波动马达提供超高速的自动对焦、卓越的准确度和强大的超宁静操作；4个超低色散（ED）玻璃元件使色差最小化，并提供更

高的分辨率和优良的对比度；在全焦段最小对焦距离为6.2英尺，另外，采用内部对焦（IF）设计，使对焦过程更加流畅且机身平衡性更佳，在M/A模式下即使在AF几乎没有停滞的情况下，仍然允许直接从自动对焦转到手动对焦。

极佳的镜头解像能力

尼康AF-S 200~400mm F4G ED VR II是兼容FX格式的远摄变焦镜头，拥有超长变焦、超大体积、超级重量（约3360g）、超级MTF曲线，增加了纳米镀膜、VR减震系统II。该镜头为200mm至超远摄400mm的焦段范围提供特别支持，特别适合需要运用变焦功能进行远摄的场景，如体育运动、新闻采集以及野生动物等的拍摄。

这支远摄变焦极佳的镜头解析能力保证了在全焦域恒定最大光圈下画质依旧鲜明而生动。超声波马达的使用使它对焦迅速无比。在任何焦距上，设置为自动对焦时，最近对焦距离为2m；设置为手动对焦时，最近对焦距离为1.95m，近摄能力也相当突出。能与之相提并论的产品，或许只有适马的超级大炮APO 200~500mm F2.8 EX DG。

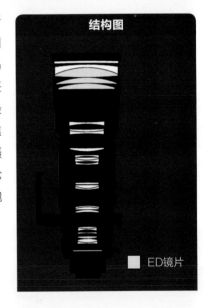

结构图

■ ED镜片

主要特点

· 超级远摄变焦镜头支持200~400mm焦距镜头，覆盖各种焦距，提供多种视角选择。
· 纳米结晶涂层大大降低了鬼影和眩光。
· 内置减震（VR II）功能，可补偿相机震动，相当于使相机慢约4挡的快门速度进行拍摄。
· 采用ED镜片（4片），提供优越的色差补偿。
· 增加了A/M模式（手动优先自动对焦，AF优先），此镜头共有3种对焦模式，可在自动对焦时旋转对焦环，激活手动对焦的M/A模式（手动优先自动对焦，MF优先）、手动对焦模式，以及新增的可避免自动对焦意外切换到手动对焦的A/M模式（手动优先自动对焦，AF优先）。

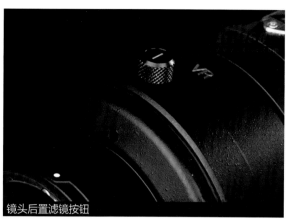
镜头后置滤镜按钮

镜头VR防抖标识

性能曲线图

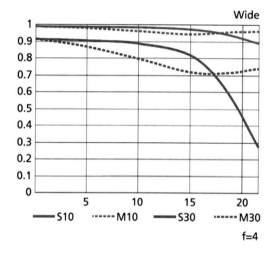

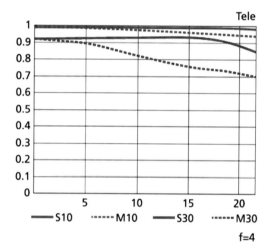

ISO：100，光圈：f/2.8，快门：1/400秒

ISO：100，光圈：f/16，快门：1/2000秒

AF Nikkor 14mm F2.8D ED
全画幅超广角镜皇

在尼康传统135胶片标准像场规格自动对焦镜头序列中，既有视野更霸道的鱼眼镜头AF Fisheye 16mm F2.8D，又有畸变矫正更显规范的多功能广角AF 20mm F2.8D，但是"极品"之誉却唯有AF 14mm F2.8D ED才配得上。它是尼康光学阵容中宽视野场景类镜头中第一支被加载上ED（Extra-low Dispersion）超低色散镜片的超广角镜头，而在其之前，名贵的ED镜片只能是专业级别大光圈远摄镜头的专利。

规格表	
焦距	14mm
最大光圈	f/2.8
镜头结构	12组14片（1个ED镜片和2个非球面镜片）
光圈叶	7片
最近对焦距离	0.2m
最高放大率	0.149倍
视角	114°
滤镜直径	后置插入式mm
体积	86.5x87（mm）
重量	670g
遮光罩	花瓣形嵌入式（内置）

超广角镜头的历史

撇除鱼眼镜头，尼康的超广角镜头历史可以追溯到1970年发布的Nikkor15mm F5.6镜头，不过该镜头直至1973年才正式进入市场。1975年尼康把超广角镜头引入另外一个新高峰，推出涵盖角度达118°的Nikkor13mm F5.6镜头，它也是尼康迄今为止最宽阔的超广角镜头。随后，尼康在1979年推出较大光圈的Nikkor15mm F3.5镜头，自此，尼康公司的超广角镜头进程便停滞不前，直到2007年推出AF Nikkor 14mm F2.8D ED镜头才有了新的突破。这大概是因为尼康在自动对焦系统中仍沿用传统的S卡口，无须急于把较少用户购买的超广角镜头自动对焦化。加上超广角镜头拥有特阔景深的特点，因此即使未能真正对中焦点，也有足够的景深补足。

AF 14mm镜头主要是为了配合尼康D1而推出的，皆因尼康D1所使用的是APS画幅的感光元件，在使用镜头时焦距折换成1.5倍，而当时尼康的AF镜头中最广焦段也只是有AF-S 17~35mm镜头，所以，AF 14mm镜头的出现正是弥补自动对焦广角镜头的不足。但用户对AF 14mm镜头的皮质镜头盖多少有点微言，在每次解开或套回镜头盖时都需要花一些时间，令拍摄时间有所延误，假如能改进成金属镜头盖就比较方便了。

超广角镜头使用范围及性能

尼康AF 14mm F2.8D ED的视角范围达114°，这是具有海纳百川视野包容度和视觉冲击力的典型超广角焦程，在大景深场景和突出现场感的新闻现场，拥有无可替代的拍摄优势。在其87×86.5（mm）的体内载有14片12组的光学结构，其间还包括有1片大尺寸ED镜片，以及2片用来矫正边缘畸变和像差的精研非球面镜片。由于镜筒和机械传导部件均使用扎实的金属材料，因此镜头的重量亦达到了670g，它可以配用后置式滤色镜片，并设置有固定一体化的花瓣状遮光罩。

尼康AF 14mm F2.8D ED 桶状畸变线条流畅明晰，绝无粘连，镜片中心至边缘保持着相同的高锐度，整个画面的通光密度亦相当均匀，超广角镜头又被称为"全焦点镜头"，十分利于非常规盲拍及超近距拍摄。AF 14mm F2.8D ED仅需略作光圈收缩便能达到极佳锐度和大景深效果，而且，在所有常用通光孔径下的影像通透度和色还原精度均属一流。

性能曲线图

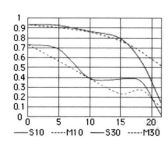

主要特点

· 87×86.5（mm）的体内载有14片12组的缜密光学结构。
· 1片大尺寸ED镜片，及2片用来矫正边缘畸变和像差的精研非球面镜片。
· 镜筒和机械传导部件均使用扎实的金属材料。
· 有固定一体化的花瓣状遮光罩。

ISO: 100, 光圈: f/20, 快门: 1/500秒

AF-S Nikkor 24mm F1.4 G ED
金圈牛头广角定焦镜皇

AF-S Nikkor 24mm F1.4G ED 镜头是Nikon最新的超广角大光圈定焦镜头，这支镜头也改变了Nikon以往超广角定焦没有大光圈镜头的局面，而83mm×88.5mm的体积以及620g的重量、镜身上AF-S、SWM、N、ED等标识都告诉我们这是一支用料十足的高档镜头。

AF-S Nikkor 24mm F1.4是Nikon广角定焦镜头家族中，定位最高、拥有最大光圈的顶级产品。作为顶级镜头，它的成像素质自然引人关注。

规格表	
焦距	24mm
最大光圈	f/1.4
镜头结构	12片10组
光圈叶片	9片(圆形)
最近对焦距离	0.25m
最高放大率	1 : 5.6
视角	84°
滤镜直径	77mm
体积	83x88.5 (mm)
重量	620g
遮光罩	HB-51

镜皇的特点详解

AF-S Nikkor 24mm F1.4G ED镜头安装在全画幅DSLR上的视角为84°，而在1.5×的DX格式单反上则为61°。在使用中，这支镜头最近对焦距离为 0.25m，放大倍率为1：0.179。这支AF-S Nikkor 24mm F1.4G ED具有9枚光圈叶片，可以让背景虚化效果更为理想。最大光圈为f/1.4，最小光圈为f/16，与一般的F1.4口径镜头相同。其滤镜直径是77mm，相比一些滤镜尺寸过大的大光圈镜头，这支镜头可以降低用户采购滤镜的成本。

作为Nikon的高端产品，该镜头还搭载了超声波马达（SWM），可以实现更加安静和快速的自动对焦，再加上这支镜头的F1.4大光圈，可说是一支具有高速对焦能力、强大背景虚化能力以及出色的暗光环境拍摄能力的全能镜头。该镜头采用12片10组的结构，其中包含2片ED（超低色散）镜片和2片非球面镜片，ED镜片可以有效地降低镜头色差（chromatic aberration），从而保证镜头有较好的光学表现，配合多层镀膜，可以最大限度地提高成像质量。同时，纳米结晶涂层大大降低了鬼影和眩光现象。

色彩饱和度与镜头色散测试

在测试该镜头与D600配合的色彩时，我们用测试样机在ISO 100的感光度下拍摄X-rite ColorChecker SG色彩测试标板，然后进行色彩分析，获得成像色彩误差及白平衡误差等数据。列表中的白平衡误差数值为中灰色块的色温误差，这项值越接近零越好，如果这项值为正数，则表示成像色调偏冷，负数反之。色彩误差图中，Lab色域坐标里的方块表示拍摄对象的理想色彩（标准色彩），圆圈则表示所测试相机的成像色彩。

性能曲线图

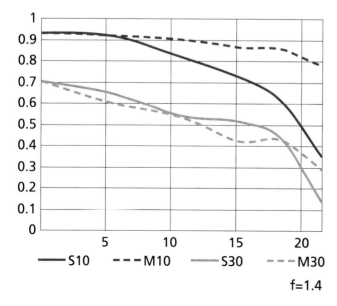

f=1.4

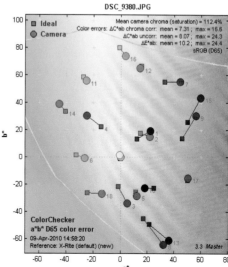

主要特点

· 高速，24mm广角定焦镜头，最大光圈达f/1.4。
· 配备2片ED玻璃和2片非球面镜片。
· 纳米结晶涂层大大降低了鬼影和眩光现象。
· 采用超声波马达（SWM），实现安静且快速的自动对焦。
· 支持两种对焦模式，M/A（自动对焦，手动控制优先）和M（手动）。

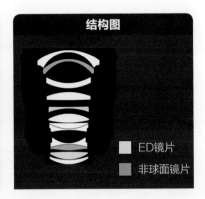

结构图

■ ED镜片
■ 非球面镜片

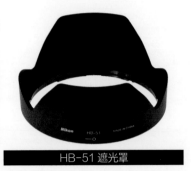

HB-51 遮光罩

镜头失光度测试

这支超广角大光圈定焦镜头其画面四角的失光情况是我们所关注的，从下面这幅f/1.4的实拍图中我们几乎可以很轻易地看到画面四角存在明显的失光现象。接下来，我们对Nikkor 24mm F1.4镜头各光圈挡位下四角失光度进行测试。

ISO：100；光圈：f/1.4；快门：1/1600秒

镜头各光圈挡位下四角及边缘位置亮度比						
	f/1.4	f/2	f/2.8	f/4	f/5.6	f/8	f/11
四角	44.2%	57.4%	73.5%	79.1%	84.8%	88%	85.2%
边缘	62.9%	74.8%	85.2%	91.5%	92%	90.3%	88.5%

ISO：100，光圈：f/8，快门：1/250秒

AF-S Nikkor 35mm F1.4 G
神级广角定焦镜头

　　有人说玩数码单反相机像跌入无底深潭，机身只是基本，镜头才是真正的开始。当大家以为集齐广角、标准、远摄等变焦镜头可以满足的时候，却又会发现定焦原来是另一世界。AF-S Nikkor 35mm F1.4 G便不只强调更高画质，也同时拥有F1.4的大光圈，单看规格，已相当具有吸引力。

规格表	
焦距	35mm
最大光圈	f/1.4
镜头结构	10片7组
光圈叶片	9片(圆形)
最近对焦距离	0.3m
最高放大率	0.2倍
视角	63°
滤镜直径	67mm
体积	83x89.5（mm）
重量	600g
遮光罩	HB-59

作为一款35mm焦段的镜头，在全画幅时代，广泛地应用于纪实及新闻摄影中，它成为诸多影友的最佳选择。

延续大光圈35mm经典

定焦镜头除了像素一般较高，最吸引用户的当然是大光圈。利用大光圈，镜头不单可以营造较浅的景深，也有利于弱光拍摄。以大光圈的35mm镜头为例，用户晚间只需将感光度略微提高至ISO 800，就可全程手持轻松拍摄。相比起24mm镜头，35mm镜头在用途上可谓更为广泛，不只适合风景、街头Snapshot，还可用于拍摄带景人像。而且，广角大光圈镜头在拍摄星空时亦可派上用场。利用大光圈的优势，拍摄星空时可有效缩短曝光时间，避免照片出现因地球自转而出现的星迹，也可降低相机因长时间曝光而出现的噪点问题，有利于拍出更为清晰的星空照片。

面对用户越来越高的要求，Nikon近年来更新旗下的大光圈定焦镜头的种类可谓相当积极，相继推出了50mm F1.4 G、24mm F1.4 G ED及85mm F1.4 G后，35mm F1.4G也正式登场。对于Nikon用户来说，这款AF-S Nikkor 35mm F1.4G镜头绝对是期待已久的宝贝。新镜头接替了有近30年历史的手动镜头Nikkor 35mm F1.4 AI-s（1981年推出）。通过最新的镜头设计与光学技术，镜头不仅提供更切合目前的拍摄操控方式，也将光学像素推向更高层次，延续了上一代的经典。

防尘防滴、SWM超声波对焦

作为继AF-S Nikkor 24mm F1.4 G ED后另一支广角镜皇，AF-S Nikkor 35mm F1.4 G的做工同样达到最高水平。扎实的镜身不只用上镁合金制造以提高耐用性，也在接环口与各个接合处加有防水胶边，提供全面的防尘防滴性能（需配合机身）。由于采用了后组对焦设计，前镜组在对焦时并不会前后移动，使镜身密封性得到进一步提升。

AF-S Nikkor 35mm F1.4 G镜身重600g，对一支定焦镜来说一点也不轻（同级的Canon EF 35mm F1.4 L USM及Sony α SAL-35F14G/AE 35mm F1.4G重量分别为580g与510g），不过，接上D600，无论在外观还是平衡上，却又称得上是绝佳搭配。镜头配合SWM超声波驱动，对焦快速而准确，更值得一赞的是，其不俗的0.3m最近对焦距离（0.2x放大率）。利用大光圈加上广角镜头，可轻易营造出广角浅景深，拍出独树一帜的近摄透视效果。

性能曲线图

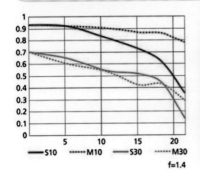

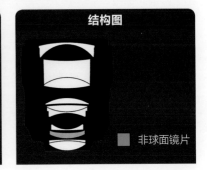

主要特点

· 35mm快速定焦广角镜头，最大光圈为f/1.4。
· 纳米结晶涂层可有效减少鬼影和眩光。
· 采用M/A和M两种对焦模式，以及改进的新型手动对焦驱动机制。
· 采用超声波马达，实现安静、快速的自动对焦。

结构图

■ 非球面镜片

测试1:镜头变形

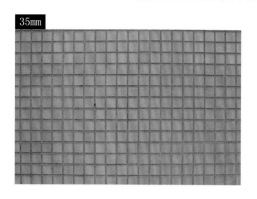

设有对焦距离窗

测试2:四角失光

全开光圈: f/1.4

支持全时手动对焦

ISO: 400，光圈: f/11，快门: 1/600秒

ISO：100，光圈：f/1.4，快门：1/500秒

AF-S Nikkor 85mm F1.4 G
新人像镜皇

尼康还发布了FX格式定焦镜头AF-S Nikkor 85mm F1.4 G。AF-S Nikkor 85mm F1.4 G的前身85mm F1.4 D是一支堪称传奇的人像镜头，而作为升级版，新的AF-S Nikkor 85mm F1.4 G同样也是一支优质、快速的中远摄定焦镜头，配备F1.4超大光圈，能呈现美丽的虚化效果，成像性能优异。

规格表	
焦距	85mm
最大光圈	f/1.4
镜头结构	10片9组
光圈叶片	9片(圆形)
最近对焦距离	0.85m
最高放大率	0.12倍
视角	28° 30′
滤镜直径	77mm
体积	86.5x84（mm）
重量	595g
遮光罩	HB-55

这款镜头采用了内对焦方式，在对焦时镜筒长度不会发生变化。

G镜与D镜的解像力比较

数码解像力测试，AF-S 85mm F1.4 G在全开光圈下，中央部位画质达到顶级像素，周边也有良好的表现，这与85mm F1.4 D的实力不分伯仲。缩小光圈至f/2.8之后，全画面反差获得再提升，解像力呈现全域一致性的优异水平。在开大光圈下，周边有些许的暗角现象，光圈缩小至f/2则不明显，至f/2.8之后便无暗角现象。

镜头的设计特点

AF-S Nikkor 85mm F1.4 G与AF-S Nikkor 24~120mm F4 G ED VR这支新镜头同样装备了纳米结晶涂层，以提升成像质量。采用内对焦（IF）系统，同样使用超声波自动驱动SWM设计，在APS-C尺寸下（DX格式），等效为127.5mm焦长。定焦镜头高成像质量与F1.4大光圈适合人像拍摄。

在操作上同样拥有M/A切换，减少MF延迟，镜片结构为10片9组，最近拍摄距离为85cm，最大放大倍率为0.12倍，并且采用9枚圆形叶片可创造出美丽的散景，滤镜直径为77mm。

AF-S Nikkor 85mm F1.4 G的镜身大小为86.5mm×84mm，重量约595g，随镜附赠遮光罩LC-77与镜头套CL-1118。

性能曲线图

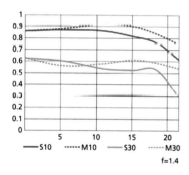

S10　M10　S30　M30
f=1.4

主要特点

· 快速高性能的中远摄85mm定焦镜头，最大光圈f/1.4，成像质量优异。
· 全新光学设计，可充分发挥此快速定焦NIKKOR镜头的性能。
· 采用纳米结晶涂层，可大大降低鬼影和眩光。
· 超声波马达（SWM），可实现安静的自动对焦。
· 配备两种对焦模式，M/A和M以及改进的新型手动对焦驱动装置。
· 采用Nikon内部对焦系统，对焦时镜头长度保持不变。

结构图

■ 非球面镜片

77mm快扣式镜头前盖LC-77专用遮光罩

这支镜头比85mm F1.8 D大一些、重一些，镜身做工也坚固一些，并设有对焦模式切换环，是另一个高级的专业选择

AF-S 85mm F1.4G **PK** AF 85mm F1.4D

ISO：200，光圈：f/1.4，快门：1/3200秒，AF 85mm F1.4D

ISO：200，光圈：f/1.4，快门：1/4000秒，AF 85mm F1.4G

安装在Nikon D600上的镜头各光圈挡位末端及边缘与中心位置的可视分辨率（LW/PH）						
	f/1.4	f/2	f/2.8	f/4	f/5.6	f/8	f/11
中心	3485	3586	3787	4016	3989	3972	3632
边缘	3074	3192	3445	3812	3839	3754	3544
末端	3112	3156	3388	3766	3797	3751	3489

ISO．100，光圈．f/2，快门：1/1200秒

AF-S Nikkor 200mm F2 G ED VR II
完美人像和光线不足的室内镜头

Nikon的一款中长焦镜头——AF-S Nikkor 200mm F2 G ED VR II，是一款具有F2大光圈的定焦镜头，并且它也是Nikon镜头中普及率较高的一款镜头。提到200mm定焦镜头，Nikon AF-S Nikkor 200mm F2 G ED VR II达到了前所未有的F2大光圈，这是一款定位于专业市场的顶级镜头。虽然佳能曾经生产过200mm F1.8惊人规格的镜头，不过已经停产，在市场上已销声匿迹。

这款镜头的成像质素无可挑剔，全开光圈时就达到几乎满分的分辨率测试成绩，画面放大后所展现出来的细节无与伦比。

规格表	
焦距	200mm
最大光圈	f/2
镜头结构	13片9组
光圈叶片	9片（圆形）
最近对焦距离	1.9m
最高放大率	0.12倍
视角	12° 20'
滤镜直径	52mm
体积	124x204（mm）
重量	2930g
遮光罩	HK-31

功能特点

Nikon AF-S Nikkor 200mm F2 G ED VR II镜头为13片9组设计，配备了SWM超声波马达以及VR光学防抖系统，后者可以在降低4挡的快门速度下仍能获得锐利影像。该镜头最近对焦距离为1.9m，最大放大倍率为0.12倍，适合拍摄一些远处的景物，并能够得到锐利的图像，是专业摄影师经常使用的一支镜头。Nikon AF-S Nikkor 200mm F2 G ED VR II镜头手感不错，并且在镜身上还备有距离窗，方便使用者把握对焦距离。该镜头的直径为124mm，镜头长度203.5mm，重量约为2930g，拿在手中还是相当有分量的。

解像度测试

这款镜头在不同光圈下，解像力都是十分不俗的，配合2426万像素的Nikon D600，更是显得卓越超凡。中央与边缘的解像力也不会相差太远，最令人惊喜的是F2的表现，如此焦段，加上如此的大光圈，其解像力绝对不俗。

ISO：200，光圈：f/2.8，快门：1/400秒

光线不足的室内拍摄，效果非常好且色彩鲜艳。

性能曲线图

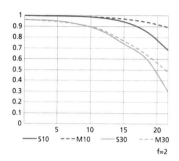

主要特点

・内置减震（VR Ⅱ）功能，可有效补偿相机震动引起的模糊，相当于把快门速度提高约4挡。
・配备3种对焦模式，M/A、M和A/M。
・采用纳米结晶涂层，可大幅降低鬼影和眩光。
・包含3枚ED（超低色散）镜片和1枚超级ED镜片。
・采用Nikon内部对焦系统，对焦时不会增加镜头长度。
・采用宁静波动马达，可实现安静的自动对焦。

结构图

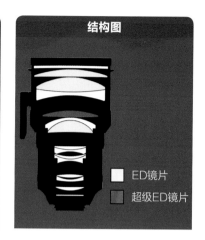

□ ED镜片
■ 超级ED镜片

ISO：100；光圈：f/5.6；快门：1/600秒

人像拍摄时，人物既没有产生变形，同时背景虚化得也很好。

评　语

这支镜头的长度非常合适，它具有减震（VR）功能，有助于消除因手动产生的抖动，这可以让使用者在较慢的快门速度下仍可以不使用三脚架拍摄，所以在拍摄人像时就非常方便且好用。

AF-S 200mm F2 G ED VR Ⅱ遮光罩

ISO: 100，光圈: f/2.8，快门: 1/640秒

AF-S Nikkor 300mm F2.8 G ED
顶级金圈大炮长焦镜头

Nikon AF-S Nikkor 300mm F2.8G ED VR II镜头是一支专业的300mm远摄定焦镜头。该镜头采用9枚光圈叶片设计，最大光圈F2.8，搭载了先进的VR二代光学防抖系统，防抖性能强悍。该镜头采用了成熟的光学系统和纳米结晶涂层，即使在最大光圈下，也能提供优异的成像质量。

对镜头前端的保护镜进行了改进，弃用了一直采用多年的平面保护镜，采用弯曲的新月形保护镜。

规格表	
焦距	300mm
最大光圈	f/2.8
镜头结构	11片8组
光圈叶片	9片(圆形)
最近对焦距离	2.2m
最高放大率	0.16倍
视角	8° 10′
滤镜直径	124mm
体积	124x268（mm）
重量	2900g
遮光罩	HK-30

外观震撼、性能卓越

随着数码单反相机价格走低，越来越多的人开始享受单反相机带来的拍摄乐趣，高性价比的套头成为人们使用最多的镜头。然而，在300mm长焦端，想要获得优异的画质，大光圈远摄定焦镜头才是最好的选择，Nikon AF-S Nikkor 300mm F2.8 G ED VR II就是这样一支专业级的远摄定焦镜头。

从镜头的名称可以看出，该镜头焦距为300mm，最大光圈F2.8，采用了3片ED（超低色散）镜片，并搭载了Nikon目前最先进的VR II光学防抖系统。该镜头前端装饰有金圈，是一支价格不菲的顶级大炮。

与前一代镜头相比，Nikon AF-S Nikkor 300mm F2.8 G ED VR II镜头体积更小，重量也更轻一些，但它仍然是外拍的沉重负担，2900克的重量，需要拍摄者有比较充沛的体力。该镜头直径为124mm，以镜头卡口伸出的延伸段计算，长度为267.5mm，是名副其实的"大炮"镜头。

外观细节展示：做工精良

通常情况下，长焦镜头想要拥有大光圈设计，体积就一定会很巨大。Nikon AF-S Nikkor 300mm F2.8 G ED VR II镜头也不例外，威猛的外观让人无法忽视。与其他镜头放在一起，有一种鹤立鸡群的感觉。

三脚架是我们经常要用到的东西，一般情况下，我们都将三脚架安装到单反相机身上，但是，若配上这支AF-S Nikkor 300mm F2.8 G ED VR II镜头，你必须将三脚架安装在镜头上才能平衡重量。镜身上有一支L形三脚架托，可旋转以方便竖拍构图。

虽然该镜头体形壮硕，但是从侧面看，也显得比较匀称，镜身上有许多控制开关及按钮。在镜头靠前端对称分布有1个圆形按钮，它们的作用与对焦操作有关。对称的分布，让镜头在任何角度时都可以很方便地触碰到其中一个。

Nikon AF-S Nikkor 300mm F2.8 G ED VR II镜头的VR开关为一个窄环，使用很方便。该镜头拥有Normal和Active两种不同的防抖模式。很多用户不明白这两个功能有什么不同，以至于有时会错用。一般情况下，使用Normal功能即可，可以对上下左右抖动提供补偿。摇摄时，使用Active功能，相机不会补偿左右移动，方便摇摄。

主要特点
- 内置减震（VR II）功能可补偿相机震动，相当于提高了约4挡的快门速度。
- 有3种对焦模式可供选择，新增的A/M模式（手动优先自动对焦，AF优先）可以避免自动对焦时意外发生，由自动对焦转换到手动对焦；M/A模式（手动优先自动对焦，MF优先）可以在自动对焦时通过旋转对焦环激活手动对焦；M（手动）模式。
- 采用了之前镜头中广受欢迎的光学系统和纳米结晶涂层。

结构图
■ ED镜片

性能曲线图

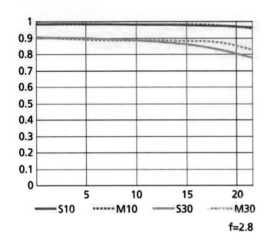

适用的HK-30遮光罩

ISO: 400, 光圈: f/2.8, 快门: 1/1000秒

AF-S Nikkor 600mm F4 G ED VR
重量级远摄长焦镜头

数码相机大幅度普及，不少影友都会拥有一支甚至是多支镜头，但对于大部分用户来说，600mm一类大炮级长镜头依然是"只可远观"。现在特别找来Nikon的AF-S Nikkor 600mm F4G ED VR长炮进行评测，一睹镜头的实力。这款新型超远摄镜头具有减震（VR）功能。Nikon的VRII系统将相机震动产生的图像模糊降低到最低程度，它提供相当于提高4挡的快门速度。非常适合专业摄影师在体育竞技场上抓拍运动员们的精彩瞬间，从而记录珍贵且不可重复的时刻。

三支VR版本超长焦定焦镜头中，AF-S 600mm F4G EDVR是最重要的一支。令人感到欣慰的是，其重量相比佳能同规格要轻250g。

规格表	
焦距	600mm
最大光圈	f/4
镜头结构	15片12组
光圈叶片	9片（圆形）
最近对焦距离	5m
最高放大率	1：7.4
视角	4°10'
滤镜直径	52mm
体积	166x445（mm）
重量	5060g
遮光罩	HK-35

运动、野外生态拍摄利器

在足球比赛中，大家可能经常会看到场边一排排的长焦大炮。对于希望能拍出精彩画面的体育记者来说，用上500mm、600mm等重型器材固然是必需的。在运动拍摄上，过去主要都是Nikon与Canon两家在拼，利用USM超声波驱动、加上内置IS光学防震的优势，Canon一直占优势。不过，

自从Nikon在2007年一口气更新了400mm、500mm、600mm 3支长炮后，形势已慢慢扭转。

Nikon在开发600mm镜头上一向相当积极，以AF-S系列为例，便有AF-S Nikkor 600mm F4 D ED-IF及AF-S Nikkor 600mm F4 D IF-ED II，而最新AF-S Nikkor 600mm F4 G ED VR的推

出，则可说是弥补了前代镜头的不足。除了进一步加强影像像素外，最重要的是加入了VRII防震技术，对于此类超长焦镜头，实用性可谓大为提高。配合像素为2426万的Nikon D600来使用，更是彰显了它的魔力。

防尘防滴设计、SWM 驱动、内置 4 级 VR II 防震设置

AF-S Nikkor 600mm F4 G ED VR不单外观上极具气势，用料同样达到专业要求：镁合金的镜身配合防尘防滴设计，可应付野外生态等严苛的拍摄环境。镜头重量为5060g，比起同级Canon EF 600mm F4 L IS USM的5360g略轻，不过对于长时间拍摄，一副稳固的脚架是不可或缺的。镜头特别在镜身设有脚架接环，备有3个脚架孔，以便用户更容易地平衡机镜之间的重量。

无论是运动或野外生态拍摄，对焦速度都称得上是成功拍摄的关键，而 AF-S Nikkor 600mm F4 G ED VR除了通过采用SWM超声波马达提高AF速度外，还特别设有对焦范围控制（全段及10m至无限远两种）。可将AF模式长期设于10m至无限远状态，以减少镜

头的前后搜寻时间。镜头另外设有Memory Recall记忆预设对焦功能，只需按下镜身前端的按钮，镜头即会对焦至预设焦点。例如足球比赛中，摄影师便可预设记忆焦点至球位置，缩短AF重新对焦的时间，从而提高拍摄进球一刻的成功率。

相比上两支600mm F4.0镜头，AF-S Nikkor 600mm F4 G ED VR最明显的改进当然是加入了VR II防震功能。大家可能会问，既然600mm一类大炮级镜头大多同时配合脚架拍摄，加入VR II防震到底又有何作用？对于大部分运动或野外生态拍摄来说，其实极少情况会"锁死"云台（脚架主要用作承托相机与镜头的重量），而防震系统除了可大幅提高慢快门拍摄的清晰度之外，其实对于取景也起了相当的稳定作用。

主要特点

· VR II操作实现了相当于提高4挡快门速度进行拍摄。
· 新的三脚架模式在利用固定于三脚架上的超远摄镜头拍摄时，减少了快门释放时所出现的震动。
· 改进了光学计算公式，使锐度、对比度和色彩的表现更出色，带来全面提升的图像效果。
· 即使在最大光圈时，3个ED（超低色散）镜片在增强清晰度和对比度的同时也可控制色差。
· 特有的Nikon纳米结晶涂层和球面保护镜片元件相结合，进一步为更大的图像清晰度减少了重影和光晕现象。
· 新增的A/M模式降低了从自动对焦无意切换到手动对焦的可能性。
· 按照Nikon专业DSLR标准设计，从而有效地防尘和防潮。
· 镁制压模铸件，提供轻型机身和阻尼感十足的结构。
· 提供单脚架固定座。

结构图

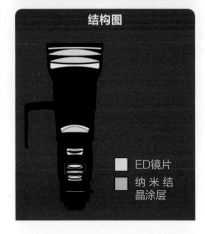

■ ED镜片

■ 纳米结晶涂层

测试:四角失光

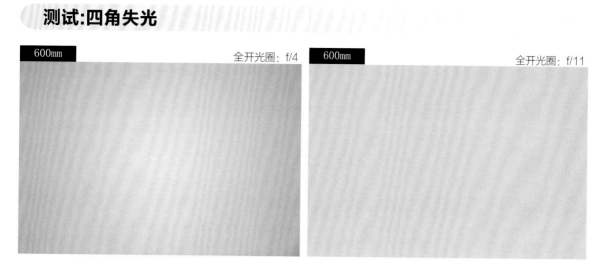

焦外成像测试

ISO: 100，光圈: f/4，快门: 1/800秒

镜身设有脚架接环，并且有3个脚架孔

采用后置式滤镜设计

ISO：100；光圈：f/11；快门：1/200秒

AF-S Micro Nikkor 60mm F2.8 G ED
小巧高质的1:1放大微距镜头

Nikkor镜头群中一向都有多支微距镜头可供选择，其中60mm和105mm就是被采用最普遍的，Nikon早已将105mm的那支打造成VR防震及"N"系列顶级镜头。顺理成章，到2008年便推出同是"N"镜的60mm微距新镜头，代表着这两款镜头都有更优越的光学质量，更适合应用于数码单反相机上。

这是Nikon全新的微距镜头，虽然焦距不及105mm长，也没有VR减震功能，但接近标准镜头的焦距，一镜可以多用，更加灵活。

规格表	
焦距	60mm
最大光圈	f/2.8
镜头结构	12片9组
光圈叶片	9片（圆形）
最近对焦距离	0.185m
最高放大率	1:1
视角	39° 40′
滤镜直径	62mm
体积	73x89（mm）
重量	425g
遮光罩	HB-42

微距或平日使用均可

60mm和105mm两支微距镜头，均有1:1的实物原大放大率，配合如D600的全画幅传感器时，原物的影像大小可以一样，60mm这款的对焦距离则要近一些。60mm的优点是视角较广，即使用于一般拍摄也十分方便，更适合近距离拍摄特写，如人像或一些街头抓拍的题材，具有一镜两用的功效。虽然此镜头没有对焦范围设定键，但已配备SWM马达，对焦速度会相当快速。虽然对焦组件来回聚焦需要较长时间，但SWM马达加速了这个过程，故一般拍摄时对焦一样轻快。其还为用户设了一个特别宽的对焦环，方便随时手动对焦，在"M/A"时，即可全时进行手动调焦。

全天候的轻便拍摄感受

比起105mm那支VR减震微距镜头，或许有人认为此镜头没有VR系统，好像有点被比下去，事实却不然。以60mm而言，对手持拍摄产生震动而造成影像模糊的机会相对较少。其实除了这一点外，这款镜头每一个部分都是跟105mm那支同样高级。就说镜身的设计吧，它采用了全天候的设计，在镜头接环处设有一个橡胶环，以防沙尘或水滴渗进机内。同样是G型镜头，不再有光圈环，布局简洁得多。相较于前一代的60mm微距镜头，另一个特点是新的这款已采用IF内对焦设计，镜身不会在对焦时伸长和转动。在使用滤镜甚至是微距闪光灯时，变得更为方便。加上它的滤镜直径也是62mm，与上一代相同，整体感觉就是轻便易用，而携带上也比105mm轻松得多。

性能曲线图

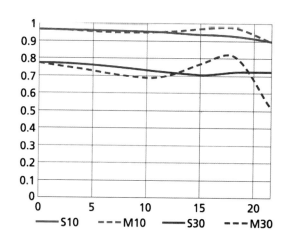

镜头卡口

影像锐利而层次丰富

以前，人们认为微距镜头重视科学用途，必定有极高的锐利度，但反差会较强。其实这已是20年前的说法，以这款60mm镜头为例，它既有很高的锐利度，也保持最佳的反差，影像的层次在D600全画幅相机上也能如实地反映出来，给人色彩自然和丰腴的感觉。从分辨率测试可见，此镜头在f/5.6~f/8时是最清晰锐利的，然而在f/2.8~f/16其实也没有很大的差异，即使是到f/22~f/32，仍有令人满意的解像力。当然，作为一支微距镜头，它的中央至边缘的影像表现也是十分平均的，正好能满足像平面翻拍这样的工作需要。由于此镜头拥有2片非球面镜片，能除去彗状像差及其他光学像差，再加上有1片ED镜片减少色差，做足了基本的提升光学质量的措施。更重要的是加入了一片纳米结晶涂层镜片，用于减少镜头内镜片的内反射，使之更迎合数码相机的需要，这样的光学设计组合，令人更有信心。至于四角失光的现象，当光圈缩小至f/4后，便大大减少，变形情况也属轻微，只有肉眼不易察觉的桶状畸变。最后要说的是，此镜头也采用9枚光圈叶片设计，使光圈收合时可以呈圆形，这也有助于焦点以外的位置有更柔和的表现，显得更为自然。

ISO: 100，光圈: f/4，快门: 1/800秒

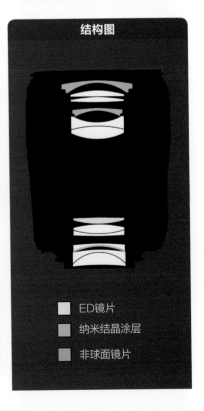

上一代60mm微距

AF-S Micro Nikkor 60mm F2.8 D与AF-S Micro Nikkor 60mm F2.8 G ED相比，前者已不可同日而语，然而仍是一个比较合算的选择，具有1:1放大率，最近对焦距离为0.22m，但缺少SWM马达和内对焦设计，AF的速度会稍慢。

主要特点

· 最近对焦距离约为0.185m。
· Nikon ED（超低色散）镜片可以有效地减少色差，能产生较高的分辨率和较锐利的对比度。
· 2个非球面镜片可以有效地消除各种镜头像差。
· Nikon纳米结晶涂层和高性能超级综合镀膜能产生优越的色彩还原效果，同时充分地降低鬼影和眩光。
· Nikon特有的超声波马达，可使自动对焦既快速又安静。
· M/A 模式下允许快速地从自动对焦转换到手动对焦。
· 内部对焦（IF）对焦时不会改变镜筒的长度。
· 9片圆形光圈叶片使焦外成像显得更为自然。
· 可兼容 62 mm 的滤镜配件。

结构图

■ ED镜片
■ 纳米结晶涂层
■ 非球面镜片

评 语

AF-S VR Micro Nikkor 105mm F2.8 G IF-ED肯定是受欢迎的，然而这支60mm镜头是它以外另一支可兼作1:1微距拍摄镜头的良好选择，因为它跟105mm那支的光学水平相当，同样采用了"N"，即纳米结晶涂层，画质已有保证，这也是为什么此镜头要比前一代60mm微距镜头在价格上有一个等级差距的原因。

ISO：100，光圈：f/8，快门：1/250秒

AF-S VR Micro Nikkor 105mm F2.8 G IF-ED
首支防手震的微距镜头

有碰到过拍摄昆虫时因快门速度不够而令照片模糊吗？现在市面上搭载有VR/IS/OS等光学防震技术的镜头为数不少，事实上光学防震镜头推出十多年来，当中竟然没有一支防手震的微距镜头。其实，微距镜头确实有防手震的需要，以拍昆虫为例，用脚架往往会因此错过了一个拍摄时机。而AF-S VR Micro Nikkor 105mm F2.8 G IF-ED是史上第一支具有VR防手震功能的微距镜头，正好照顾到一些热爱微距摄影影友的需要。

这款镜头可以营造更为柔和的画面效果，以完美的焦外成像为其高品质镜头加分。

规格表	
焦距	105mm
最大光圈	f/2.8
镜头结构	14片12组
光圈叶片	9片（圆形）
最近对焦距离	0.31m
最高放大率	1：1
视角	23° 20′
滤镜直径	62mm
体积	83x116(mm)
重量	790g
遮光罩	花瓣形

微距镜头焦距有分别

摄影有很多不同类型的题材，例如风景、人像摄影，等等。其中，最特别的要算是微距摄影，透过微距镜头，一些我们平时忽略了的东西会变得十分有趣。例如各种昆虫和花卉，利用微距镜头，花心中的花蕊或昆虫的生活都可以清晰再现，完全有置身于它们世界中的感觉。现在的微距镜头大多是定焦镜头，大致分为3种焦距，分别是50mm、105mm和180mm，而光圈通常会比一般定焦镜头小一点。AF-S VR Micro Nikkor 105mm F2.8 G IF-ED 是一支中距的微距镜头，拥有F2.8的大光圈，最特别的地方是设有光学防手震功能，在微距镜头中是首次。微距摄影往往需要缩小光圈，以获取较多的景深，有了防手震功能后，便利性大大增加，以6000多元的定价来说实在是物有所值。

微距VR技术的运用

AF-S VR Micro Nikkor 105mm F2.8 G IF-ED镜头是世界上首款带有超声波马达(SWM)和防抖(VR)系统的微距镜头。它还包含一系列Nikon高级光学技术和特色，如纳米结晶涂层、超低色散(ED)玻璃和内部对焦(IF)。此镜头可以配合Nikon DX格式数码相机和35mm胶片相机使用。

SWM带来宁静、高速的自动对焦，以及自动对焦和手动操作之间的快速转换。IF系统还提供了非旋转式镜头前端部件，更易于使用圆形偏振滤镜。

通过改良的VR系统（VR II），拍摄者可以在比平常速度约慢4挡的快门速度下[大约3m至无限远（1/30倍复制比率）]拍摄出清晰锐利的影像。在近摄情况下，相机抖动所带来的不利影响将大幅度增加，从而极大地影响到影像的锐利度。而Nikon VR技术的运用，提升了此镜头的性能，首次提供了VR的锐利效果，并提高了手持近摄性能。此外，VR II提供了稳定的取景器影像，方便在进行高倍放大拍摄时取景构图。

主要特点

· 最近对焦距离约为0.185m。
· Nikon ED（超低色散）镜片可以有效地减少色差，能产生较高的分辨率和较锐利的对比度。
· 2个非球面镜片可以有效地消除各种镜头像差。
· Nikon 纳米结晶涂层和高性能超级综合镀膜能产生优越的色彩还原效果，同时充分地降低鬼影和眩光。
· Nikon 特有的超声波马达，可使自动对焦既快速又安静。
· M/A模式下允许快速地从自动对焦转换到手动对焦。
· 内部对焦（IF）对焦时不会改变镜筒的长度。
· 9片圆形光圈叶片使焦外成像显得更为自然。
· 可兼容62 mm的滤镜配件。

性能曲线图

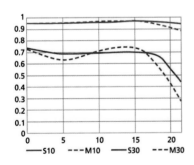

测试:镜头变形

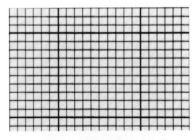

结构图

ED镜片

尼康VR微距镜头

ISO: 100，光圈: f/8，快门: 1/100秒

AF DX Fisheye-Nikkor 10.5mm F2.8G ED鱼眼镜头

鱼眼镜头有个最大优点，那就是视角范围大，其视角一般可达到220°或230°，这非常有利于近距离的拍摄；鱼眼镜头在接近被摄物拍摄时能造成非常强烈的透视效果，被摄物近大远小对比非常强烈，使所摄画面具有一种震撼人心的感染力，视觉冲击力非常强；而且鱼眼镜头具有相当长的景深，有利于表现照片的长景深效果。

这支镜头既可拍摄风景，也可近拍或在车内及狭窄的空间内拍摄。

规格表	
焦距	10.5mm
最大光圈	f/2.8
镜头结构	7组10片（包含1片ED）
光圈叶	7片
最近对焦距离	0.14m
最高放大率	1/5
视角	180°
滤镜直径	后置
体积	63 x 62.5（mm）
重量	305g
遮光罩	固定式花瓣形（标配）

鱼眼镜头的性能

AF DX Fisheye-Nikkor 10.5mm F2.8G ED鱼眼镜头，是首支针对数码摄影的同级产品。DX Fisheye 10.5mm 采用对角线鱼眼设计，镜片组合为7组10片，第9片为超低色散ED镜片，光学技术及镜身造工也比全画幅AF Fisheye Nikkor16mm F2.8D来得讲究，虽然镜头小巧，但是因为有一定的重量，手感非常好。

AF DX Fisheye-Nikkor 10.5mm F2.8G ED的最近对焦距离只有14cm，较AF Fisheye-Nikkor 16mm F2.8D缩短近一半，近拍时的放大倍率也因后者的0.1×跃升至DX镜的0.2×，配合它本身近3cm的工作距离，用户可以轻易拍出夸张的扭曲影像。由于其视角为180°，只要稍有不慎，拍摄者的脚就会被一同摄入镜内，构图时一定要注意这个细节问题。AF DX Fisheye-Nikkor 10.5mm F2.8G ED的视角非常广，用它来拍摄海面会有意想不到的效果。俯拍海面可以看到画面中的海已经不再是一个平面，而是像地球一样成为一个椭圆，画面很有张力。

性能曲线图

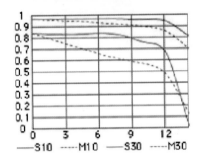

图表的横轴从左到右代表镜头从中心到边缘的距离，单位是mm，如果配套的相机是APS-C幅面的，一般看到15mm就可以了，全幅的相机，看到20mm也就够了。

图标的纵轴代表镜头表现的好坏，粗浅的划分，0.8以上算好，0.6~0.8算一般，0.6以下算差，大家可以将此理解成小时候的考试成绩，满分100，60分以下不及格。

然后就是粗细虚实的曲线了：粗线（先不管虚实）代表反差，也就是黑白分明的程度，从左到右是表示镜头从中心到边缘的反差表现；细线代表锐度，也就是成像清晰的程度，从左到右是表示镜头从中心到边缘的清晰度表现。

而虚线需要和同样颜色、粗细的实线一起看，两条线越接近，代表镜头从焦内到焦外的过渡更自然。

黑色代表最大光圈下的表现，蓝色代表光圈在f/8时的表现。

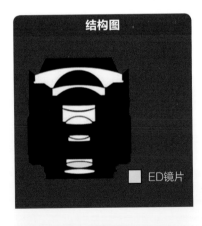

结构图

■ ED镜片

主要特点

· 宽广的视角（接近或等于180°）和夸张的变形。
· 采用金属卡口。
· 镜片组包含1片ED（超低色散）镜片，具备低折射、低色散的特点，能有效提高镜头的画质。
· 鱼眼镜头最大光圈为F2.8，背景虚化能力出色，能有效突出需要表现的拍摄主体。

ISO：100，光圈：f/16，快门：1/600秒

ISO：100，光圈：f/8，快门：1/100秒

PC- EV Micro Nikkor 85mm
F2.8D 专业移轴微距镜头

镜头带倾斜/移轴功能，是为数码以及 35mm格式胶片的单反相机设计的。连同之前推出的 PC-E Nikkor 24mm F3.5D ED，PC-E Nikkor家族目前的焦距范围可覆盖从 24mm广角到 85mm 中长焦。

宽广的倾斜和移轴范围，能进行手持倾斜/移轴摄影。

规格表	
焦距	85 mm
最大光圈	f/2.8
镜头结构	5组6片（有纳米结晶涂膜）
光圈叶	9片
最近对焦距离	0.39m
最高放大率	1:2
视角	28°30′（完全移轴时，最大为37°50′）
滤镜直径	77 mm
体积	83.5 x 107（mm）
重量	635g
遮光罩	刺刀式镜头遮光罩HB-22

专业移轴镜头在拍摄中的运用

从外观上看来，PC-E Micro Nikkor 85mm F2.8D镜头的外形设计比较奇异，非常有设计感，在镜头末端有一个四方形的装置，上面还有一些刻度。PC是Perspective Control的缩写，也就是可供调校透视感的镜头。

下面我们来讲讲它的实际用途。在建筑摄影中，我们常常会仰拍建筑物，然而拍摄出来的效果大家应该都会留意到，当我们使用的镜头越广阔，拍摄出来的建筑物就会越倾斜，变形越严重。而PC镜头的作用就是通过镜头移轴来把这些建筑物"矫直"。而尼康是全球首家把移轴镜技术引入到35mm系统中的，早在1962年时便推出了PC-Nikkor 35mm F3.5的镜头，以便用户在建筑摄影时用。数码相机经过数年的流行，后期也在摄影中发挥着越来越大的作用，现在使用Photoshop可以随意地改变图片的透视感，所以尼康公司停产了PC 28mm及PC 35mm镜头，所剩下的就只有PC-E 85mm镜头了。

PC镜头都用在建筑摄影中，怎么会与微距扯上关系呢？这是因为PC镜头在调整透视感的同时，景深会一并被转移。例如，要近距离拍摄一块手表，要让景深足以覆盖整块手表，使用PC镜即使只用f/16光圈，就足以覆盖。

性能曲线图

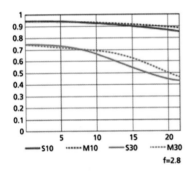

— S10   ⋯⋯ M10   — S30   ⋯⋯ M30

f=2.8

结构图

ED镜片

主要特点

· PC-E 85mm 微距，提供中长焦视角并增加相机和物体之间的拍摄距离。
· 微距特写镜头，最大复制比率为1/2。
· 纳米结晶涂层有效降低鬼影和眩光。
· 使用D3、D700 和 D300 数码单反反光相机时，电磁光圈提供自动光圈控制功能。
· 宽广的倾斜和移轴范围（倾斜：±8.5°；移轴：±11.5mm）能够进行手持倾斜/移轴摄影——实际上这是大幅面视角相机没有的性能。
· 镜头可±90° 旋转，在30°和60° 处可以停顿，可获得较大的倾斜/移轴效果。
· 9个圆形光圈叶片使焦外成像更加自然丰满。
· 高光学性能，不仅适合倾斜/移轴摄影，也可应用于一般的拍摄。
· 可防灰尘，抗潮湿，在严苛的拍摄环境下也可使用。

ISO: 800，光圈：f/2.8，快门：1/60秒

Chapter 05

Nikon D600
实例解析

使用相机中的风景模式拍摄山峦
设定白平衡拍摄浪漫雪景
拍摄瞬息万变的日出日落
合适的对焦方式拍摄不同状态的人像
背景的选择和处理技巧

Nikon
D600
数码单反相机完全剖析手册

使用相机中的风景模式拍摄山峦

尼康D600相机有多种"场景"模式供您选择。选中一种场景模式后，照相机根据所选场景自动优化设定，因而您仅需选择一种模式并构图，然后再完成拍摄即可进行创作。

将相机左上方的模式拨盘旋转至"SCENE"并按下"info"键可查看当前所选的场景。旋转主指令拨盘则可选择其他场景。在这里选择风景模式。

利用D600的风景模式拍摄夕阳里的山峦，画面呈现暖暖的金黄色调。
ISO：200，光圈：f/11，快门：1/80秒

风景模式适用于白天光照条件好时拍摄风景，该模式将焦点自动设置为无穷远，解决了调焦图像的问题。此时内置闪光灯和AF辅助照明器关闭；当光线不足时，推荐使用三脚架以避免图像模糊。

风景模式

使用广角镜头拍摄雪山，结合小光圈的使用，获得了较大的景深，大场景展现了山峦的壮阔。

ISO：100，光圈：f/8，快门：1/1500秒

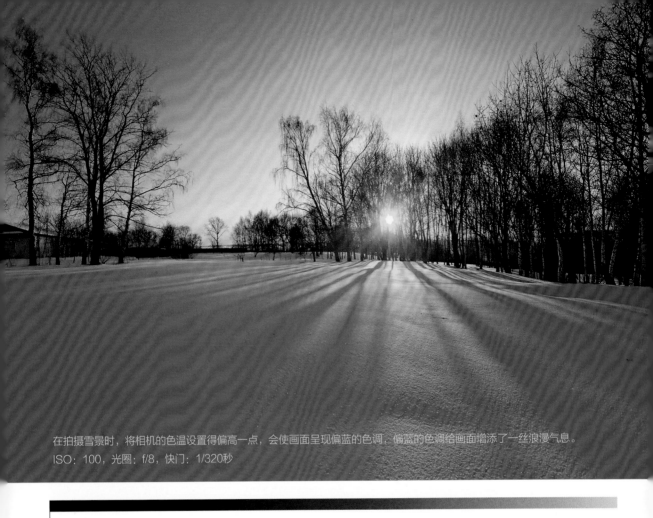

在拍摄雪景时，将相机的色温设置得偏高一点，会使画面呈现偏蓝的色调，偏蓝的色调给画面增添了一丝浪漫气息。
ISO：100，光圈：f/8，快门：1/320秒

设定白平衡拍摄浪漫雪景

我们常常会用到"雪白"这个词来形容某种事物的洁白或一尘不染的状态，但是仔细观察，雪不仅仅是一片白色，它层层堆积起来，拥有独特的质感。

拍摄雪景，最好在柔和的光线环境下进行，柔和的光线可以突出雪本身蓬松晶莹的质感，而柔和的逆光或者侧逆光，可以很好地将雪依附在地面或者其他事物上呈现出的线条和层次表现出来。

由于冰雪反光比较强烈，容易使画面产生曝光不足的情况，这时使用数码相机的曝光补偿功能，增加曝光量，能使画面获得足够的曝光，而不致因为曝光不足而缺少细节和层次感。

如果画面不是偏色得特别厉害，一般来说，拍摄雪景不需要使用白平衡来校正色温。偏蓝的色调，正好符合雪景冷峻的特点。

尽管我们建议您使用RAW格式拍摄，那样就不用考虑白平衡问题，但是，很多情况下我们迫于相机存储空间的限制，或是其他某些原因，还是要用JPEG格式拍摄，那么白平衡的设置就非常重要了。白平衡设置得正确与否，直接关系到后期调色的成败。所以，我们有必要在这里讲讲设定白平衡的方法。

为了使照片的色调与人们眼睛所看到的色彩相一致，D600相机中有多种白平衡设置用来修正光线色温不同造成的偏色。白平衡在相机上通常用WB表示，拍摄时根据不同光源的色温，相应地做出白平衡设置，从而保证图片有正确的色彩平衡。

还可以直接选择D600相机中的海滩/雪景模式进行拍摄。它适用于捕捉阳光下水面、雪地或沙滩的亮度。内置闪光灯和AF辅助照明器关闭。

海滩/雪景模式

在自动白平衡设置下拍摄的山峰雪景，色调看上去是那么的完美。

ISO：100，光圈：f/11，快门：1/800秒

RAW格式展现风景完美细节

D600相机存储照片的格式一般有两种：RAW格式和JPEG格式。专业拍摄风光片，对细节的表现要求非常严格，建议在拍摄时使用RAW格式。它的存储方式是原始图像数据，可以理解为RAW格式并不是一个完整的图像格式，而是一个图像信息包。它所记录的内容仅仅是数码相机感光元件所产生的电信号，相机不对信息做任何处理，必须通过特定的图像转换软件才能将RAW格式转换成普通格式的数码照片。

我们平时经常使用的JPEG格式图片，相比RAW格式原始数据包，它的产生过程更加复杂。相机感光元件感光后，影像处理系统会对感光信号进行锐度、色彩、反差、色温等计算处理，最终产生JPEG格式文件。这个过程需要对图像信息进行压缩处理，会使很多丰富的细节丢失，这对后期处理的限制相对要多些。

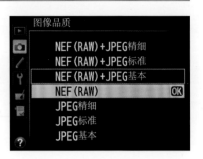

使用RAW格式拍摄照片，其后期处理宽容度较大，明暗层次和细节保留得非常好。
ISO：100，光圈：f/8，快门：1/640秒

欲将秋色拍得鲜艳需作曝光补偿

四季景色当中各有迷人之处，而秋季应该是每个摄影爱好者情有独钟的季节，树叶由夏天的青绿色逐渐转变为黄、橙、红各种深浅不一的颜色，使原本平淡无奇的树木别具风情，不抓住这个机会去拍摄秋季美景还等待什么呢？

拍照片千万不要放过鲜红的红叶和那些明亮黄色的植物。红叶很快就会枯萎、发白，拍摄时要注意选取颜色最美丽的部分进行构图。红叶期很短暂，摄影者最好先收集一些信息，比如可以通过网络或当地旅游咨询部门询问红叶状况，以免错过红叶最美丽的时期。

根据所拍摄的树木叶子不同色彩的特点，所选用的曝光补偿也各不相同。一般来说，拍摄深红色的红叶需要负补偿，这样可以使叶子的红色更加饱满、热烈，但拍摄黄色的叶子，如银杏树的叶子时需要正补偿，以使黄色更加明亮、鲜艳。若不进行曝光补偿，原本清透的颜色会变得混浊，会显得美中不足。

还可以直接选择D600相机中的秋色模式进行拍摄。这一模式适用于捕捉秋叶美丽的红色和黄色。选用自动模式时，内置闪光灯关闭，推荐使用三脚架，以在光线不足时避免模糊。

拍摄秋天迷人的黄色调，给人一种暖暖的感觉，画面中充满着仙境般的神秘色彩。
ISO：100，光圈：f/5.6，快门：1/200秒

高速快门拍摄海水的气势

要拍摄好高速奔流的海水和四处飞溅的浪花，必须使用1/1000秒左右的高速快门。要根据具体情况来设定，比如水势较大、较急时，可能需要更高速度的快门。

如果由于天气、拍摄时间等原因导致光线不是特别理想的情况，高速快门会使拍摄的画面曝光量不足，如果快门速度无法达到需要的高速时，可以试一试将ISO感光度调高的方法来解决。

将ISO感光度调高，就可以使用高速快门了，当ISO感光度为400或者更高时，就可以很轻松地获得1/1000秒以上的快门速度，这样水花飞溅的瞬间就可以清晰地拍到。

如果要用高速快门拍摄流水的动态照片，最好使用远摄镜头拉近拍摄特写，这样拍摄出的照片构图更加集中，强烈的视觉冲击力使画面更加扣人心弦。

使用高速快门拍摄激流翻卷起的浪花。定格这一完美瞬间，使画面更加具有视觉冲击力。

ISO：100，光圈：f/16，快门：1/2500秒

使用ND减光镜避免曝光过度

在明亮的地方使用非常慢的快门速度拍照，有可能发生曝光过度。与快门速度相比，光圈的可调节范围较窄，因此在使用较低的快门速度拍摄时，即使相机光圈调到最小也很难达到适合的曝光度。

在明亮的场所，低速快门摄影可使用ND滤光镜，例图使用快门速度优先的AE模式，快门速度设置为1/8秒。因为使用了ND滤光镜，所以避免了曝光过度。ND滤光镜就是我们常说的减光镜，也称作灰度镜。使用ND滤光镜可以减少进入镜头的光量，从而达到降低快门速度的目的。ND滤光镜种类很多，常见的除了普通的减光镜，还有中心减光镜和渐变减光镜等。

低速快门下，拍摄倾泻而下如丝般的瀑布
ISO：100 光圈：f/14 快门：1/30秒

拍摄瞬息万变的日出日落

　　天已破晓，暗淡的云层里，透着曙光。不久，太阳从山的那一边出来，于是，灿烂夺目的阳光很快便将黑夜驱走。随着春夏秋冬四季的变化，日出日落的时间会有很大差异；因此，在拍摄日出日落前，务必先掌握一些信息，查明日出落的正确时间，提前半小时以上抵达拍摄现场。

　　到达拍摄现场，首先确定日出日落的方位，然后再选择适当的拍摄地点，同时架好三脚架，做好拍摄前的准备工作。另外，日出日落

的曝光控制应以天空中的云彩亮度为准，地面上的物体只要反映出其轮廓和暗淡层次就可以了，若完全以地面上的景物为曝光基准，则天空部分就会曝光过度，显得苍白而无层次。为了使阴影部分能够在画面中显示出一定的细节，也可以根据整个画面中的阴影部分测光。日出日落的光线强弱变化非常大，因此，要做到精确曝光比较困难，这时可采用包围曝光法，根据不同光圈快门组合多拍摄几张，以确保获得曝光较为准确的照片。

适用于保持在日出或日落时看到的深色调。内置闪光灯和AF辅助照明器关闭；推荐使用三脚架以便在光线不足时避免图像模糊。

精准地定格海上落日瞬息变幻中的美丽。
ISO：100，光圈：f/5.6，快门：1/1000秒

多姿多彩的云景拍摄技巧

在风光摄影中，云景是常见的景色。云不仅形状多姿、富于变化，而且还可以显示出景色的季节和气候特征，如春天轻薄的浮云、夏天凝结不散的层云、秋天魅力的鱼鳞云、冬天稀疏的条云、早晚的彩云、风雨将至的乌云，以及风和日丽的朵云等。

云景在风光摄影中的主要作用是美化景物、营造气氛和均衡画面。在拍摄广阔的平原景色或城市风光时，如果画面中存在空旷而苍白的天空，不仅显得不美观，而且会有上轻下重的感觉。我们也可以利用树枝等前景来美化画面或使画面变得均衡，但树枝等前景难以表现出平原或街景的纵深感。这时，如果利用云景来衬托天空，我们就会感觉到在任意角度下拍摄都不易出现画面上下不相称的现象了。

拍摄云景时，还要选取形态好、层次丰富的云朵，否则画面难以给人美感。碰到形态与层次俱佳的云层要及时抓拍，因为云的形态瞬息万变。

拍摄云景时，蓝天中存在大量紫外线，我们人眼是感觉不到这些紫外线的，但是相机对此很敏感，因此，正确使用滤光镜非常重要。其中作用最突出的滤光镜非偏振镜莫属，对蓝天色调可以通过旋转滤光镜、改变偏振角的大小来控制。从而增加画面锐度和清晰度，削减偏振光，使蓝天更蓝，白云更白。

利用偏振镜可以增加云彩和天空的锐度及清晰度。
ISO：100，光圈：f/8，快门：1/250秒

缤纷夜景的拍摄技巧

夜晚拍摄风光照片的时候，一点光也没有是不行的。因此夜景照片最好在月夜或星空下拍摄，场景中至少有一些足够亮的区域，并能够影响到较暗的区域，这样拍摄出来的画面效果才好。

在拍摄包含路灯和霓虹灯的夜景时，减少噪点和不自然的色彩。

山洼后天空中的微弱光照同古镇里的灯光形成冷暖色调对比。
ISO：100，光圈：f/22，快门：1/6秒

月亮是神话故事中不可或缺的主体。实际上，在山岳照片上经常会看到月亮，但单纯拍摄月亮的并不多。在日出日落前后的一段时间，天空微微发亮，非常适合将景物和月亮结合在一起拍摄。

月亮的形态每天都有变化，每月的农历十五或十六，当太阳西沉后，东方的天际便会出现满月，月亮每隔五分钟左右向西缓慢移动，景色非常优美。D600在拍摄月亮时需要用100mm以上的镜头，并需要使用三脚架，避免长时间曝光造成相机震动。在明暗反差很大的情况下，应在相机测光的基础上将曝光补偿增加1.3到2挡。

满月或者接近满月的时候是拍月亮的最佳时机。
ISO：100，光圈：f/24，快门：6秒

开启D600的虚拟水平功能，拍摄湖面上上下对称的富士山，平稳安静给人一种祥和之感。
ISO：100，光圈：f/8，快门：1/320秒

拍摄倒影使湖泊更显静逸

　　一片静止的水面可以反映出广阔景色中的物体、天空或云层，起到镜像和延伸风景的效果，并含有宁静致远的意境。拍摄倒影，最关键的是要保证景物的清晰，也就是在平静的水面上拍摄，在有风时用不低于1/125秒的快门速度拍摄来抵消水面微小的波动。通常需将画面的水平线放在画面的中间位置，使画面的上半部分为天空，下半部分为倒影，从而令画面显得更加静逸。也可以按三分法构图原则，将水平线放在画面上三分之一或下三分之一的位置，使画面更富有变化。

　　上面这张照片是采取对称构图拍摄的，将水平线放在中间位置，画面静逸而和谐。拍摄时，可以将相机D600的虚拟水平功能开启，对准画面的中心位置，根据来自照相机倾斜感应器的信息显示左右及前后的倾斜度信息。

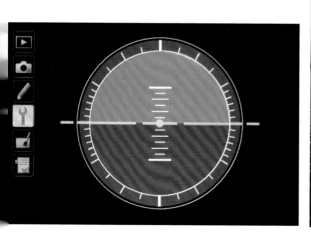

湖水拍摄实战指南

1.为过滤掉水面反射的杂光，建议在镜头前加装偏振镜。偏振镜同时还可以让画面的色彩更浓郁。

2.如果方便架设三脚架，应该使用三脚架、快门线，增加拍摄时相机的稳定性。

3.选择光圈优先模式，并将光圈值设置为f/8～f/16之间，以获得较大景深。

4.在光线充足的情况下，可以将感光度设置为ISO100或ISO200，以获得较高的画质。

5.适当降低0.3～2.7挡的曝光补偿，可以让画面的色彩及质感有更好的表现。

6.半按快门进行测光，然后按下AE-L/AF-L按钮锁定曝光。半按快门对拍摄对象进行对焦，对焦成功后，保持半按快门状态并移动相机重新构图。完全按下快门即可完成拍摄。

使用虚拟水平得到平稳的画面效果。

ISO：100，光圈：f/11，快门：1/200秒

广阔的沙漠具有独特的魅力，使用长焦镜头拍摄，展现沙漠上被风吹起的沙浪波纹。
ISO：100，光圈：f/11，快门：1/400秒

长焦镜头展现壮观沙漠景色

与其他自然环境相比，广阔的沙漠所展现的地形具有更独特的魅力。孤山、沙丘和野生植物为沙漠增添了令人难忘的特征。

沙丘在风的作用下，不断地变换造型。在逆光照射下，拍摄出的沙丘层次和立体感都非常好，而且有很强烈的质感。

中午的沙漠，用长镜头压缩空间，可以拍出热浪上升时的生动照片。而且晚上的沙漠是拍摄星星的最佳场所，由于没有湿气，没有地面光的干扰，星星的数量比较多，而且非常明亮。

多雨的冬季过后，沙漠里的鲜花短暂盛开，使用长焦镜头高角度俯拍，可以将沙漠野花的独特景致囊括在镜头中。

全景俯视拍摄，展现给我们的是一大片的树林。
ISO: 100，光圈: f/8，快门: 1/640秒

全景展现成片树林

　　拍摄树林时，首先要充分理解光线状态、气象条件，以及季节特点等自然状况，明确如何表现树林。如果想用逆光表现树木的质感，事先应该对被摄体、拍摄地点、时间等进行仔细考察。

　　为表现树林的高大挺拔，从树林外部拍摄比较适宜——从山峦到登山口，从登山口到树林边缘……如果为了表现山谷的深度和茂密的森林，可以将溪流置于画面内。

　　初夏时节，晴天时的日照非常强烈，树林中的绿色也变得非常浓。踏进枝繁叶茂的树林，看见地面上开满了妩媚的花朵。多花费一些时间，在林中慢慢找寻感兴趣的景物。附在树叶上的水珠似有垂之欲滴的感觉，用较弱的光线可以表现这样的一瞬间，当然，光线过弱时水珠的立体感不易被表现出来。

城市建筑风光

每个城市，都有它独具特色的地方和与众不同的建筑。不同建筑又呈现了这个城市不同的风貌，工业建筑展现了城市的繁忙，高层建筑展现了城市的繁华与瑰丽，而造型独特的异域建筑则可以表现不同地区的特色。

城市建筑，线条感和力度的把握非常重要，要给人以横平竖直、垂直刚毅的印象。因此，镜头的选择和透视的把握至关重要。使用广角镜头拍摄城市，多用来拍摄全景，选择俯拍的角度。如果用它来近距离拍建筑，会因为广角镜头的透视特性，使建筑物变形。使用长焦镜头拍摄建筑，尽量使相机中轴线与地平线平行，相机架设的高度与建筑物的中部持平，以免建筑物给人向后倾倒的感觉。但如果选择拍摄建筑局部，就不需要考虑上面的这些问题了。

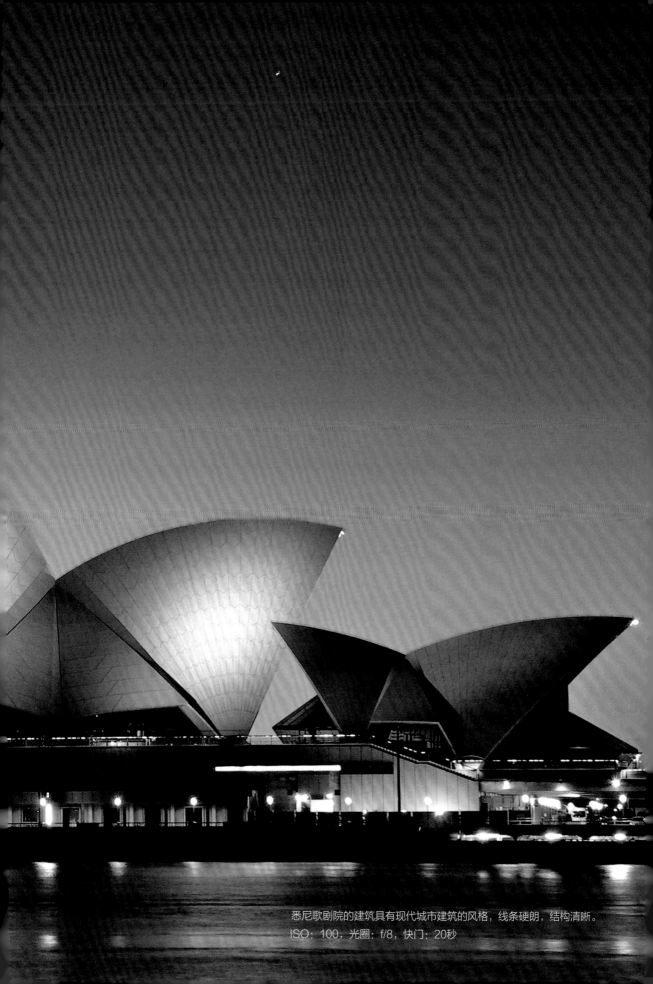

悉尼歌剧院的建筑具有现代城市建筑的风格，线条硬朗，结构清晰。
ISO：100，光圈：f/8，快门：20秒

室内人像摄影时光线对曝光的影响

在室内影棚中，摄影者主要是利用灯具来对人物进行塑形，以达到自己想要表达的效果。在影棚内，照明的基本要素是位置、高度以及光线强度。光线的角度直接影响被摄体的形态，既可以突出被摄体的立体感，也可以削弱立体感效果。因此，布光对于棚内摄影来说至关重要。摄影时可以根据不同的位置和自己想要的画面效果来布置光源。也就是说，可以根据被摄主体或者是摄影者自己的意愿来决定

柔化光线还是增强光线。棚内的光源有很多种，包括主光、辅助光、背景光、轮廓光、修饰光等。

摄影者在布光时，首先要做的就是要选好主光的位置，使其照明的方向、灯位的高低和光源面积的大小都有利于被摄主体的造型。主光是用来塑造质感立体效果的。一般主光是由柔光灯箱发出的，光线比较均匀、柔和，可以表现出人物的自然感。主光其实就相当于户外摄影中的太阳

光，照射被摄体最多的光源就是主光。主光往往决定着画面的曝光量，如果主光过于强烈，那么画面的曝光量应相应减少。

主光的位置并不是固定的，并不是只有和相机在同一位置上这一种选择。它可以在人物的正面，表现人物的质感；也可以在人物的侧面，塑造人物的立体感。具体怎么安排，就要看摄影者想要达成什么样的效果。

侧上方给人物一个主光源，以高影调拍摄人物，展现人物舒适安逸的生活态度。
ISO: 100，光圈: f/8，快门: 1/160秒

使用点测光对准人物的脸部进行测光，这样拍摄的户外人像，肤质细腻光滑且曝光准确。

ISO: 100，光圈: f/2.8，快门: 1/500秒

点测光对准人物脸部测光。

户外人像正确的测光与曝光

在户外拍摄人像，最重要的是要把握好光线。户外的主要光源来自于太阳光，它不同于那些人造光源，可以自己进行掌控和调节。太阳光线是变化无常的，而且在一天中的各个时间段里，光线的强弱和光源的位置也是不同的，所以在户外拍摄时，要了解和掌握太阳光的规律。

在户外拍摄人像还有一点是非常重要的，那就是挑选正确的测光与曝光模式。一般在户外，我们使用光圈优先模式比较多，这是为了更好地控制画面的景深，让被摄人物能够很好地从背景中凸显出来。当被摄主体处在背光的条件下时，使用点测光模式，曝光才会更加准确，必要时在户外也需要用闪光灯进行补光。

直射光下拍美女人像的要求

　　晴天里的阳光是直接投向被摄体的，这时的光线就是直射光。在直射光条件下拍摄人像会有一些弊端：一是由于光线太刺眼，人物的表情和神态都会不理想，而且眼睛也会睁不开；二是在晴朗的阳光下，光线比较强烈，被摄人物的边缘容易生成清冽的阴影和高光区域，产生的明暗反差比较大，这对摄影师如何进行测光与曝光显然是一个挑战。虽然如此，利用好直射光，仍然能够拍摄出优秀的人像照片。一般情况下，直射顺光多使用平均测光或矩阵式测光模式进行测光；侧光多使用点测光模式进行测光；逆光人像则多使用局部测光或矩阵测光模式进行测光。

直射光线下拍摄美女人像采用矩阵测光，可以减弱因光线过强而产生的过重投影。
ISO: 100，光圈: f/5.6，快门: 1/1000秒

拍摄晨昏时段人像色温的控制

早晨和黄昏两个时间段的光线是比较特殊的，也是最适合拍摄人像的。在日出日落期间，光线受大气折射的影响，色温较低（大约2000K），以红橙色调为主，而且比较柔和，会给人一种很温馨的感觉。

黎明时分，阳光和天空光都比较微弱，拍摄时要对人的脸部进行测光。同时，要注意光圈不宜开得过大，因为光圈太大会让太多的环境光进入镜头，影响被摄主体的色彩。

黄昏时分，光线强度比较弱，也比较柔和，大气中尘埃、烟雾较多，可利用反光板对人物进行补光。

在黄昏光线条件下拍摄人像时，可以利用建筑物或者其他一些能反光的物体作为背景。这样当黄昏的光线斜照时，这些物体会产生光影或者光斑，对塑造人物的立体感有很大的帮助，也能使人像作品更加多样化。同时，若再在人物的正面加上适当的补光，拍摄出来的人物更加迷人。

画面中淡淡的黄色给人一种暖暖的视觉感受，逆光下对被摄人物脸部补光，整个画面色调和谐统一。
ISO：100，光圈：f/2.8，快门：1/200秒

三分法构图拍摄完美人像

简单地说，三分法构图就是黄金分割法的简化版，是人像摄影中最为常用的一种构图方法，其优点是能够在视觉上给人愉悦和生动的感受，避免人物居中带来的呆板感。Nikon D600相机可以在取景器中显示网格线，我们可以将它与黄金分割原理配合使用，完成完美构图。

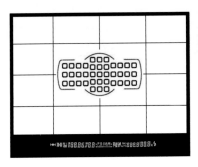

将人物放在靠右的三分线处，模特的形象很突出。

ISO：100，光圈：f/2.8，快门：1/400秒

广角镜头塑造美女修长的美腿

很多女孩都希望自己拥有完美的身材、修长的双腿。下面就让我们用手中的照相机来达成女孩们美丽的心愿吧。

利用广角镜头采用适当仰拍的角度可以完美地塑造人物高挑的身材。因广角镜头的镜片组织的结构问题，会产生较大的透视变形，因而在拍摄美女时可以很好地利用这一特性。下图中摄影师选用广角镜头（24mm端），降低相机的高度，进行拍摄，使得人物整体产生透视，因而腿部显得比实际要长。

美女躺在沙发上，双腿搁在墙壁上，本来就纤细的美腿因为广角镜头的作用显得更修长了。

ISO：100，光圈：f/8，快门：1/250秒

拍摄人物时背景的选择和处理

　　简洁——背景的处理力求简洁，要把那些妨碍突出主体人物的景物从画面中剔除出去。用实景作为背景时，画面中景物往往太多、太杂，这样可能会让背景湮没了人物。只有简洁的背景才能突出人物形象。

　　要有特征——背景的特征有影调和色调之分，有虚和实之分。另一方面，也是更重要的，是要选用一些具有地域特征和时代特征的景物作为背景，画面中要能显示出时间、地点和环境氛围。

　　选取富有特征的背景来衬托人物，可以表现典型环境中的典型性格。

画面中背景十分简洁，以大部分天空和小面积麦田作为拍摄背景，不仅突出了主体人物，同时也渲染了画面氛围。
ISO：100；光圈：f/8，快门：1/640秒

特写突出人物精致五官

人像特写一般以人的胸部以上作为拍摄范围。特写主要表现的是人物的神情以及五官结构，拍摄时往往都会把景深控制得很小。女性特写注重的是柔美，无论是背景还是人物表情，都应该遵循这一点。

长焦镜头结合大光圈使画面景深变浅，更好地突出了人物的面部表情。
ISO: 100，光圈: f/2.8，快门: 1/200秒

不同画幅的视觉效果

画幅格式是指画面的长宽比例、形状及横竖设置。决定画幅的格式在于画面中的主线走向、主体移动的方向以及主体与陪体的关系、环境的特点等。

横画幅，画面比较开阔，适合表现宽广、景物较多的场景。拍摄两个人合影或多人群像适宜用横画幅。如果拍摄一个卧姿或倚躺姿态的人物，也适宜用横画幅。

竖画幅，画面上下伸展，看起来有些狭窄，适合表现以竖线条为特征的主体。单人半身像和单人全身像常常采用竖画幅。以高大树木或高大建筑为背景的画面也常常采用竖画幅。

横画幅拍摄春日里的少女人像，不仅展现了少女的气质，同时也展现了春日里的美好景象。
ISO：100，光圈：f/5.6，快门：1/500秒

竖式画幅拍摄人像给人一种伸展舒适之感，并且还有纵深的视觉效果。
ISO：100，光圈：f/8，快门：1/250秒

Nikon D600
配件及保养

尼康推出专业级SB-910闪光灯
高速运转的存储卡
防水、防潮、防震、防摔是关键
滤镜的合理使用

Nikon闪光灯皇SB-910

很多用户都觉得Nikon SB-900已经很完善了，但是想不到Nikon竟开发出更好的SB-910闪光灯，这款闪光灯，配合D600使用是再好不过的了，功能更胜SB-900。其不但覆盖17~200mm和12~200mm焦距，而且还能自动辨认FX和DX格式的相机，GN值更高，回电更快，还可以更新固件，堪称是Nikon新一代的闪光灯皇。

外形设计和SB-900几乎一致，但性能上做了进一步改进

闪光灯SB-910，新的高端的Nikon闪光灯，为专业摄影师提供更加专业的闪光灯，这款闪光灯的性能超过其前任SB-900。经过改进的Nikon闪光灯SB-910，操作更流畅，照度、精度更强，并采用硬彩色滤光片。 SB-910完全支持先进的专业要求，使光照达到最大，以实现个人的摄影创作意图。

一个精致的用户界面，以获得更流畅的操作

现在，用户可以快速访问自定义设置，使用新的菜单按钮。 此外，图形用户界面（GUI）也得到改进，提供简单设置的应用程序的所有操作。

较广的覆盖范围

这支SB-910闪光灯的一大特色是具有全新设计的灯头，这个特别设计的灯头可使闪光灯的覆盖范围更广，上一代SB-900的覆盖范围为24~105mm，SB-910则达到了17~200mm，这使得SB-910配合D600E使用时，即使使用超广角的17mm镜头也完全没有问题。如果不是Nikon大胆地采用新的灯芯，相信这是难以做到的。

SB-910还能自动检测相机的测光模式，根据需要变动为标准、偏重中央或平均的闪光模式，以配合相机的测光模式，达到最佳的闪光效果。同时，SB-910也可以自动检测FX或DX格式相机，计算焦距更精彩。

闪光灯的回电速度更不是问题，因为SB-910的回电速度比上一代SB-900更快，以往SB-900最大输出需要用2.9秒回电，现在SB-910的速度进一步提升，2.3秒便可完成。

更新固件功能

SB-910的一项功能是可以进行固件的更新，有新固件推出时，只要通过Nikon D700和D600等DSLR就可以更新闪光灯的软件。也就是说，Nikon已经认清用户需求，让SB-910有长远发展的机会，只要不断提升固件，闪光灯的性能就随时代而更新，变得越来越强。

现在SB-910能够自动侦测相机的Multi-CAM 3500 FX/DX自动对焦传感器，让闪光灯作AF辅助照明，并且覆盖20~105mm镜头，帮助我们在低光环境下拍摄时作准确的对焦。

细心的用户可能会留意到这款SB-910的机背LCD屏上有个温度计，原来SB-910加入了过热保护系统限制功能。当我们连续闪光时，保护系统可以防止闪光灯过热。

SB-910有很多好用的配件，包括不同颜色的滤光片，如灯泡和荧光灯的滤光片。以往SB-900也有这些配件，但SB-910更先进。在使用了滤光片后，相机和闪光灯可以交换信息，让相机知道SB-910使用哪种滤光片调整色温，确保有最佳效果。

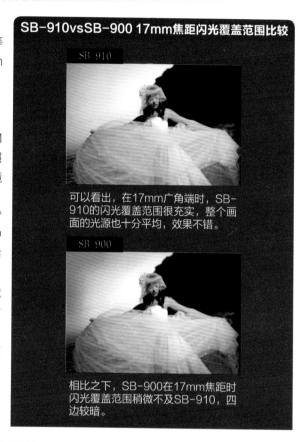

SB-910vsSB-900 17mm焦距闪光覆盖范围比较

可以看出，在17mm广角端时，SB-910的闪光覆盖范围很充实，整个画面的光源也十分平均，效果不错。

相比之下，SB-900在17mm焦距时闪光覆盖范围稍微不及SB-910，四边较暗。

硬彩色滤光片自动检测连接到闪光灯头前

SB-910支持硬彩色滤光片，因为它们更耐用，能更好地承受闪光灯头产生的热量，与其前身（尼康SB-900）相比，具有诸多改进之处，比如更流畅的操作性、更高的照明精度等，同时SB-910还配备了一个白炽灯滤光片和一个荧光滤光片。

我们测试SB-910时，同时使用D600相机，和SB-900一并测试并作比较，以自动白平衡拍摄，发现两者拍出来的照片确实有差别。在相同环境下，SB-900和SB-910的直射闪光差别不大，但SB-900拍摄的影像有少许偏红，而SB-910就能保持较佳的色温。此外，还进行了反射闪光效果测试，发现也有差别，SB-900拍摄的影像稍暗，而SB-910明显较亮，相信和闪光灯的输出能力有关。

从功能上来说，SB-910的功能明显比以往的闪光灯先进，外形精细，做工扎实，操作更灵活。而灯背的多按键和大显示屏，使得操作很方便，显示的信息也更清楚。我们相信，SB-910的明显进步，应该能满足摄影师对闪光灯的专业操作要求。

此处的覆盖范围提升至相当广阔的17~200mm。SB-910新增很多自动化功能，包括可自动侦测FX或DX格式相机。

SB-910的按钮虽然很多，但操作方便，容易掌握。

SB-910机身及LCD示意图

01 内置反光卡

10 电池室盖

09 非TTL自动闪光用的光线传感器

08 热 靴

02 内置广角闪光扩散卡

03 闪光灯头

04 AF辅助闪光灯

05 同步端子

06 外接式电源端子

07 外接式AF辅助照明灯接点

24 灯 头

23 闪光灯头倾斜/旋转锁之释放按钮

22 功能按钮2：拍摄距离/TTL的曝光不足值/闪光次数

21 功能按钮1：闪光输出量补偿值/手动模式下的闪光输出量

20 [MODE]（模式）按钮

19 [ZOOM]（变焦）按钮

18 安装座锁定杆

11 闪光灯头倾斜角尺

12 LCD面板

13 功能按钮3：光圈/频率/电动变焦

14 就绪灯/试闪光按钮

15 电源开关/无限设定开光

16 选择器转盘

17 [OK]（确定）按钮

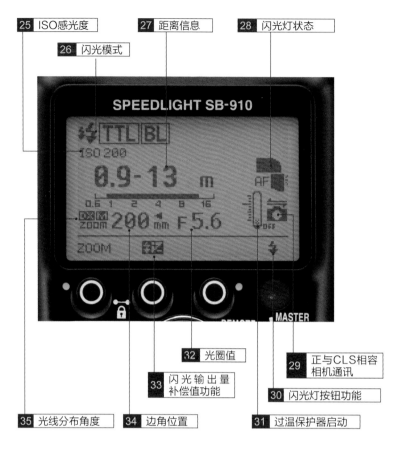

25 ISO感光度
26 闪光模式
27 距离信息
28 闪光灯状态

32 光圈值
33 闪光输出量补偿值功能
29 正与CLS相容相机通讯
30 闪光灯按钮功能
31 过温保护器启动

35 光线分布角度
34 边角位置

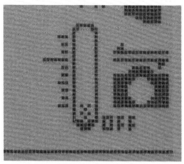

SB-910的LCD显示屏上有温度计的标志，显示闪光灯温度情况，一旦温度计的显示升至顶点，闪光灯会自动禁止输出，保护闪光灯。

SB-910闪光灯头可转动角度

向上：90°
向右：180°
向下：-7°
向左：180°

SB-910改善了锁扣的设计，装拆快速，使用方便。

灯的背面增加了按钮和转盘，操作更清晰，很容易调控功能。

Nikon SB-910规格表

电子结构	自动绝缘栅双极型晶体管（IGBT）串联电路
闪光指数 （20℃/68°F）	34/111.5（ISO 100），48/157.5（ISO 200）
模拟照明灯	有三种照明模式：标准、均匀、中央重点。以FX和DX格式自动调节光分配角度到相机的映射区
闪光范围	0.6~20m（取决于相机的图像区域设置、照明模式、ISO感光度、变焦头位置以及使用的镜头光圈
闪光模式	用的闪光模式：i-TTL，自动光圈闪光，非TTL自动闪光，距离-优先手动闪光，手动闪光，重复闪光
其他功能	测试闪光，监控预闪光，用于多点AF和模拟照明的AF辅助照明 Nikon创意闪光系统：兼容相机可用的许多闪光操作——i-TTL模式、先进的无线照明、FV锁定、闪光色彩信息交流、自动FP高速同步以及用于多点AF的AF辅助照明
多闪光灯装置摄影操作	先进的无线照明SU-4型无线多闪光装置摄影
闪光灯开关	旋转多点闪光装置的电源开关/无线模式开关，打开或关闭SB-910，也可设置待机功能
适用相机	所有具备Nikon创意闪光系统（其他相机可用，但功能较少）
曝光控制	相机的同步模式：慢同步，红眼消除慢同步，前帘同步，后帘同步，后帘慢同步 摄影功能：自动FP高速同步，FV锁定，红眼消除
反射闪光能力	灯头可向下 -7°或向上至 90°，可在 -7°、0°、45°、60°、75°、90°位置停留，灯头还可由左至右水平旋转180°，可在 0°、30°、60°、90°、120°、150°、180°位置停留
电源	4×AA电池
闪光持续时间	约1/880秒
灯脚上锁	通过与相机热靴连接，能防止闪光灯与相机意外分离
体积	约78.5×145×113（mm）
重量	420g（仅闪光灯），510g（包括 4 个1.5 V LR6 AA 型碱性电池）
提供配件	兼容电池闸SD-9和电源托架SK-6/6A 兼容WG-AS1/2/3防水组件（对应D800、D700、D3系列相机）

Nikon创意闪光系统（CLS）

Nikon高级创意闪光系统（CLS）改进了照相机和兼容闪光灯组件之间的信息交流，以获取更好的闪光拍摄。

CLS 兼容闪光灯组件

Nikon D600相机可与以下CLS兼容闪光灯组件一起使用：SB-910、SB-900、SB-800、SB-700、SB-600、SB-400和SB-R200。

闪光灯组件

功能		SB-910[1]	SB-900[1]	SB-800	SB-700[1]	SB-600	SB-400[2]	SB-R200[3]
指数[4]	ISO 100	34	34	38	28	30	21	10
	ISO 200	48	48	53	39	42	30	14

1. 若白平衡选为AUTO（自动）或 $\frac{1}{2}$（闪光灯）时，将彩色滤镜安装在SB-910 、SB-900或SB-700上，照相机将自动侦测滤镜并适当调整白平衡。

2. 使用SB-400时，无线闪光控制不可用。

3. 使用指令器模式下的内置闪光灯，或者另购的SB-910、SB-900、SB-800或SB-700闪光灯组件或SU-800无线闪光灯，指令器进行遥控。

4. m、20℃；SB-910、SB-900、SB-800、SB-700和SB-600变焦头位置为35mm；SB-910、SB-900和SB-700带标准照明。

Nikon D600的其他配件及保养

传统相机的影像被记录在底片上，数码相机则是使用存储卡，并以相机直接连接电脑或是通过读卡器把存储卡中的照片传送到电脑上，具有重复使用和环保的优点。目前适用于数码单反相机的存储卡有两种，即CF卡和SD卡。而D600只能使用SD卡。微硬盘（MD）作为存储卡曾经备受青睐，但由于其自身的原因，已经逐渐淡出市场。至于记忆棒和XD卡等，通常适用于数码消费相机。下面简单介绍SD卡。

各种规格的存储卡

SD卡

ＳＤ卡是由松下、东芝、SanDisk公司共同开发的一种存储卡，其最大特点是通过加密功能确保数据资料的安全保密。大小犹如一张邮票的SD记忆卡，重量只有2g，却拥有记忆容量高、数据传输率快、移动灵活性大以及安全性好等特点。

在介绍了两种常用的存储卡之后，在选购时还要注意哪些问题呢？

在购买时首先应该考虑存储卡的容量。数码单反相机可以使用比较专业的RAW格式进行拍摄，与JPEG格式相比，这种存储格式因为没有被压缩，所以有着很强的后期优势。同时，RAW格式文件的"体积"也很庞大，用户要根据自己的拍摄习惯来选择适合自己的存储卡容量。目前，市场上主流的存储卡容量大致为4GB、8GB、

16GB等，当然也有32GB，甚至64GB的存储卡。

用户还要考虑存储卡的兼容性以及实用性等问题。和电脑配件一样，不同品牌的存储卡与相机之间存在着是否兼容的问题。不兼容的状况一般表现为存取速度慢，读卡时间过长，甚至会死机，因此，最好带着数码单反相机去试卡。此外，存储卡的读写速度也是十分重要的，它直接影响着连拍的速度。

作为消费者，最关心的是存储卡的质量问题。首先，辨别真假存储卡要看包装，正品的做工一般很好，且背面有正规的激光防伪标志；其次，就要看存储卡本身有无裂痕、变形，四周塑料材质的外壳有无划伤，表面有无气泡，边缘是否光滑或是否有毛刺，两边的插入引导槽有无明显被插过的痕迹，被插入的脚孔部分有无在插拔时被相

机内部插槽引脚磨损划伤等。如果有上述情况，坚决不能购买。最好选择大厂名牌产品，这些产品几乎都能保证质量并提供售后服务。最后要记得开具正规的发票。

SD卡

读卡器

读卡器是读取存储卡的设备，其主要功能就是将存储卡中的数据传输到电脑上。当摄影者的手中有很多需要导入电脑的存储卡时，使用读卡器会更方便快捷。

在选择读卡器时，一定要先了解自己的存储卡是哪种类型的，否则有可能出现存储卡和读卡器不兼容的情况，现在有很多多合一的读卡器可以兼容多种规格的存储卡。

建议选择的读卡器最好可以读取CF卡和SD卡，因为这两种卡是如今市场上的主流产品，很多产品都会用到这两种存储卡。此外，读卡器的连接端口最好是USB 2.0，这样传输速度会有保证。

二合一多功能读卡器

单功能读卡器

数码伴侣

数码伴侣是大容量的便携式数码照片存储器，并且在存储的过程中无需电脑支持，可以直接与数码单反相机连接，以进行数据的传输与存储。数码伴侣主要包括数码存储卡读卡器和在笔记本电脑上使用的2.5英寸的硬盘。用户只需要将读卡器支持的存储卡插入其中，然后再按一下数码伴侣上的"COPY"键，即可将卡上的照片复制到数码伴侣内置的硬盘中永久保存，整个过程不通过电脑，而且数码伴侣内置大容量锂电池，可连续工作较长的时间。

除此之外，数码伴侣还可以通过USB接口与电脑相连接，作为一个大容量的移动硬盘使用，可以完成照片整理和数据交换等工作。可以说，数码伴侣是一个集多口读卡器、大容量移动硬盘为一身的数码产品。另外，用户在选择数码伴侣时可以从以下几方面进行考量：

能读多少种存储卡？
USB接口是否是2.0标准？

是否拥有充足的续航能力？
液晶屏显示的工作状态是否清晰明了？
外观是否美观，外壳是否够结实耐用、不易磨损？
操作是否容易上手，数据是否安全？
自助升级大容量硬盘是否方便？
售后服务是否跟得上？
是否有较高的产品性价比？

爱普生多媒体播放器，P-5000数码伴侣

专门的储存卡槽，可以直接导入照片

三脚架有防抖的作用

在实际使用D600相机拍摄过程中，因为抖动而造成照片的模糊，进而得不到理想的拍摄效果，是十分令人头疼的问题，而解决这一问题最直接和最有效的方法就是使用三脚架，它在摄影配件当中的地位是非常重要的。

三脚架一般指的是脚架和云台的组合。专业的三脚架通常不配备云台，购买三脚架时还要根据需求另行购买云台。云台是连接数码单反相机和三脚架的重要设备，其主要功能是在拍摄时能进行上下左右旋转。云台一般可分为三维云台和球形云台。

三维云台有三支控制杆，分别控制直拍或横拍上下左右的调整。它的优点是可以让数码单反相机在每个角度都能精准地调整和定位，耐重、稳定性高。

球形云台是一种圆球形的云台，调节快速，仅靠一个旋钮即可锁紧，放松旋钮则可进行上下左右的调整，而且携带方便。但是，构图时易过头、承载重量低、稳定性相对较差，比起三维云台略逊一筹。

三脚架具有稳定相机的作用，一般多用于长时间曝光拍摄，如夜间在拍摄高品质风光照片、静物照片时都要用到。三脚架的使用能够使拍摄者得到清晰、质量佳的照片。

云台

升降摇臂

脚管

中柱

脚管锁

脚垫

三脚架

三维云台　　　　　　球形云台

使用三脚架

未使用三脚架

ISO: 100，光圈: f/22，快门: 1/60秒

ISO: 100，光圈: f/18，快门: 1/80秒

快门线

不论是传统摄影还是数码摄影，都有可能遇到因为按下快门的瞬间用力过大而导致相机震动、歪斜，破坏画面完整性的情况。虽然可以利用机内定时自拍来解决，但是这样不能随时进行拍摄，这时就需要快门线了。快门线可以控制相机进行拍摄，避免因接触相机表面所导致的机身震动，是防止破坏画面完整性的有效工具。

目前，市场上常见的快门线主要有机械快门线和电子快门线。

机械快门线采用钢质紧密的弹簧线作为动力传输，外围包附复合材质的管子，可以锁定快门进行长时间曝光，并且可与机身快门上的螺旋孔紧密结合，这些特性使这类快门线的表现更可靠。

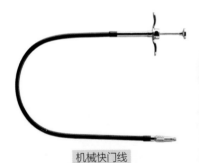

机械快门线

电子快门线

使用快门线拍摄，以减少"机震"保证清晰的画质。
ISO: 200，光圈: f/11，快门: 1/20秒

快门遥控器

有时需要远离相机进行拍摄，例如，在自拍、拍摄野生动物及某些人像时，尤其是拍摄人像时，拍摄者架好相机后，需要用反光板为被摄对象补光，但又缺少助手，这时可以利用快门遥控器解决问题。

快门遥控器是一个远距离控制相机的装置，分为有线快门遥控器和无线快门遥控器两种。

有线快门遥控器

无线快门遥控器

有线快门遥控器

D600数码单反相机的电池

目前的数码单反相机通常都是采用锂电池和镍氢电池，而且几乎都是专用电池，也配备了专用的充电器。不过，由于相机品牌和型号的千差万别，还是有必要了解数码单反相机所用电池的一些基本特性及电池的保护方法。

锂电池

绝大多数数码单反相机都采用锂电池供电，其特点是能量密度大，没有记忆效应，可以随用随充，不必等到电量耗尽再充电。不过，锂电池的自放电比较厉害，而且受温度的影响较大，在环境温度很低的情况下，锂电池的性能会有较为严重的下降。除了通常所说的锂电池以外，部分数码单反相机还需要使用一种纽扣型的锂电池，用来保存内部的时钟数据，这种电池不能充电，不过也不用经常更换。Nikon D600的原装电池EN-EL15锂电池首次使用前，应先将电池充电10小时，充满后，装入数码相机（摄像机）使用。如没有达到应有的容量，请重复充用3~5次，电池可恢复应有容量。环境参数：贮存温度：20°C（±5°C），适用温度：-10℃~40℃。

镍氢电池

相比锂电池，镍氢电池在很多方面不尽如人意，如单节电池的电压只有1.2V，而锂电池则有3.6V或者3.7V。镍氢电池使用起来较为麻烦，虽然没有明显的记忆效应，但最好不要像使用锂电池那样随用随充。镍氢电池有个最大的好处——性能比较稳定。另外，镍氢电池受温度的影响相对较小，所以，佳能顶级的EOS-1D和EOS-1Ds系列，仍然采用镍氢电池供电，以保证其在任何情况下都能正常工作。

新电池一定要注意充分激活，前三次充电保持在16小时左右，这点很重要。无论是锂电池还是镍氢电池，在日常使用中都要注意，不要将电池的触点裸露在外，应该用专用的电池携带袋将其装好，以避免短路造成的危险。长时间不用的话，在保存时应该放置在干燥并且遮阳的场所，并避免温度的剧烈变化。另外，应该每隔一段时间执行一次充放电操作，这样可以使电池保持在较好的状态下。

锂电池

镍氢电池

保持机身的洁净

清洁镜头接环

相机机身的清洁除了机身外表、操作按钮外，较为重要的是镜头接环的位置，因为这是最容易累积污垢的地方。此外，接环上面机身与镜头的电子接点也会有氧化的情况，所以要针对这个地方进行清洁，以免日后出现问题。

清洁取景器

取景器是经常累积污垢的地方，清洁时先用皮吹将灰尘吹掉，如果仍不干净，用擦镜纸轻轻地擦拭即可，千万不要用力过大，否则会刮伤取景器表面的镜片。

如果在取景器里看到有黑点残留（大概是在换镜头时，灰尘落在对焦屏上造成的），这时只要将机身口朝下，将皮吹对准对焦屏轻轻吹拭即可。

清洁反光镜

反光镜只会沾上灰尘，并不会有存在油污的问题，所以只要用皮吹将灰尘吹掉即可。反光板极易受损。如果沾上别的东西，千万不要自行擦拭，最好交由专业人士来处理，因其材料特殊，处理不当，会造成对焦、测光的误差。

清洁镜头接环

清洁取景器

反光镜

合理清洁镜头

镜头的清洁重点是镜片。不过，一般镜头的前方都有保护镜，所以最多是镜片上有灰尘，用皮吹轻轻吹掉即可。但如果粘上指纹、油渍等，就需要进一步处理了。

首先，用皮吹将镜片上的灰尘吹掉，并在光源下仔细观察镜片表面是否有划伤镜片的灰尘，确认没有后再用擦镜纸进行擦拭。擦拭原则上是由内向外转

动，在转动过程中速度要缓慢，不能太过用力。

但是，当镜片上粘上油污或是不容易清理的污渍时，仅使用擦镜纸是不能擦干净的，这时就需要加

上清理镜片用的专业清洁液才能有效地解决问题。将清洁剂滴在擦镜纸上，而不是直接滴在镜片表面，

如果直接滴在镜片表面，清洁液有可能流进镜头周围的细缝，从而损伤镜头。

另外，如果有镜头笔就更方便了，可将镜头笔放在镜头表面，轻轻按压并以画圈的方式向外转动。

镜头上的灰尘一般只用皮吹清理。

在擦镜纸上蘸上清洁液。

使用擦镜纸并以旋转的方式由里向外轻轻地擦拭。

使用镜头笔并以画圈的方式由里向外顺时针轻轻地擦拭。

谨慎清洁感光元件

数码单反相机在更换镜头时，感光元件上难免会沾上灰尘，从而形成照片上不该出现的污点。为了解决这一问题，数码单反相机一般都设计有清洁感光元件的功能，让相机自行、快速地清洁感光元件。如果还不能解决问题，那么交由厂家的专业机构来清洁，千万不要自行清洁，感光元件是很精密的部件，一旦损坏，会导致整个机身的报废。

防水、防潮是关键

如果数码单反相机不慎掉入水中或淋到雨，有可能无法继续使用。拍摄者应避免使数码单反相机遇到淋雨、溅水等情况，在海边或瀑布边等地进行拍摄时，应做好机身及镜头的防水保护工作。长期处于潮湿环境中进行拍摄，数码单反相机的寿命会大打折扣，因为数码单反相机的内部电子元件受到潮气侵蚀会加速老化及氧化。镜头等光学元件的镀膜一旦受潮发霉，情况

严重的将会令镜头报废。对于使用大量精密光电器件的数码单反相机而言，如何做好防水、防潮工作是保护数码单反相机的关键。

使数码单反相机受潮的情况比较多，潮湿的空气、空调房与外部温度反差过大所形成的潮气、具有腐蚀性的海水、淋雨、饮料溅入等都是数码单反相机的"杀手"。不过，市面上已出现许多数码单反相机防潮、防水的产品，如干燥剂、

防潮箱、防水外壳、防水套等。不过，防潮箱或防水外壳往往因为价格不菲或型号单一而不能满足大部分用户的需要，干燥剂则可谓是其中最便宜、最实用的防潮产品之一了，在各大文具店或照相器材专卖店都能找到。最常用的防潮剂主要是"变色硅胶"，当变色硅胶受潮吸收水分后会由蓝色变为粉红色，这时候其防潮功能将越来越弱，用户在看到颜色转变时应

对变色硅胶作及时干燥。经由晒干、台灯照射或是微波炉烤干，变色硅胶可变回蓝色继续使用。经常外出的用户可选择有密封拉链口的塑料袋存放数码单反相机，一来可防止雨水、海水等渗入，二来也十分经济、便携。

防水箱

防水套

防震、防摔是保障

数码单反相机的外表看上去很结实，实际上很脆弱。数码单反相机的LCD显示屏、镜头、内部元件等都是最脆弱的部件。这些部件被损坏后，其维修费用十分昂贵。

在操作过程中，建议使用相机带将数码单反相机挂在脖子或手上，这是最实在的方法。避免数码单反相机脱手落地而造成遗憾。在附件产品方面，可选择一个抗震性能较好的相机包来防震。时下市场上相机包的品牌众多，在选购时应以防水、防磨的尼龙或是人造纤维材质为主，内部空间则需预留存放电池、存储卡、镜头等的位置。

把相机挂在脖子上。

防尘是措施

数码单反相机的结构决定了它需要完整的防尘保护，镜头、机身、取景器、反光镜、传感器等都是容易受灰尘污染的地方，有些会直接影响成像质量，有些会影响使用，而有些则会对相机造成很大的伤害。尽量不要将数码单反相机长期暴露在灰尘较多的环境中，不用的时候可以把相机和镜头放在摄影包里。更换镜头的动作要快，不要让感光元件长时间暴露在外。

把相机装进摄影包里。

注意高温和低温环境

在高温和低温环境下，数码单反相机最容易造成损坏。例如，在烈日照射下的沙漠、零下几十度的雪地等，应避免使用数码单反相机。如果不得不用的话，在高温地方使用一段时间后，让数码单反相机"休息"一下，散散热；在低温地方则通常是把数码单反相机放在相机包里或者保暖的相机套里，到拍摄时再拿出来。同时，在寒冷的环境中，电池的电量容易耗尽，一定要妥善保管。

责任编辑　夏　晓
装帧设计　数码创意
责任校对　程翠华
责任印制　朱圣学

图书在版编目（ＣＩＰ）数据

Nikon D600数码单反相机完全剖析手册 ／ 数码创意
编著. -- 杭州：浙江摄影出版社，2013.5
　　ISBN 978-7-5514-0326-9

　　Ⅰ. ①N… Ⅱ. ①数… Ⅲ. ①数字照相机－单镜头反
光照相机－摄影技术－技术手册 Ⅳ. ①TB86-62
②J41-62

　　中国版本图书馆CIP数据核字(2013)第078073号

Nikon D600
数码单反相机完全剖析手册

数码创意　编著

全国百佳图书出版单位

浙江摄影出版社出版发行

　　　地址：杭州体育场路347号

　　　邮编：310006

　　　电话：0571-85159646　85159574　85170614

　　　网址：www.photo.zjcb.com

经　销：全国新华书店

制　版：杭州美虹电脑设计有限公司

印　刷：浙江影天印业有限公司

开　本：787×1092　1/16

印　张：12

2013年5月第1版　2013年5月第1次印刷

ISBN 978-7-5514-0326-9

定　价：59.00元